uantitative Analysis for Business

分析の教科書

3

+

0

9

用數字做決策的思考術

選擇伴侶到解讀財報,會跑Excel,

要學會用數據分析做更好的決定

7

2

×

1

5

4

÷

8

BIS商學院 —— 著

健一 —— 執筆

ichi SUZUKI

君 —— 譯

思(中國)有限公司 —— 監修

TEIRYO BUNSEKI NO KYOKASHO
by Kenichi Suzuki, GLOBIS Corporation
Copyright © 2016 GLOBIS Corporation
Originally published in Japan by TOYO KEIZAI INC.
Chinese(in complex character only) translation rights arranged with TOYO KEIZAI INC., Japan through
THE SAKAI AGAENCY and BARDON-CHINESE MEDIA AGENCY.
Traditional Chinese translation rights © 2018 by EcoTrend Publications, a division of Cite Publishing Ltd.
All rights reserved.

經營管理 147

用數字做決策的思考術：

從選擇伴侶到解讀財報，會跑 Excel，也要學會用數據分析做更好的決定

作　　　者 —— GLOBIS 商學院（著）、鈴木健一（Kenichi SUZUKI）（執筆）
譯　　　者 —— 李友君
監　　　修 —— 顧彼思（中國）有限公司

責任編輯 —— 文及元
行銷業務 —— 劉順眾、顏宏紋、李君宜

總 編 輯 —— 林博華
發 行 人 —— 涂玉雲
出　　　版 —— 經濟新潮社
　　　　　　　104 台北市民生東路二段 141 號 5 樓
　　　　　　　電話：(02)2500-7696　傳真：(02)2500-1955
　　　　　　　經濟新潮社部落格：http://ecocite.pixnet.net

發　　　行 —— 英屬蓋曼群島商家庭傳媒股份有限公司城邦分公司
　　　　　　　台北市中山區民生東路二段 141 號 11 樓
　　　　　　　客服服務專線：02-25007718；25007719
　　　　　　　24 小時傳真專線：02-25001990；25001991
　　　　　　　服務時間：週一至週五上午 09:30-12:00；下午 13:30-17:00
　　　　　　　劃撥帳號：19863813；戶名：書虫股份有限公司
　　　　　　　讀者服務信箱：service@readingclub.com.tw

香港發行所 —— 城邦 (香港) 出版集團有限公司
　　　　　　　香港九龍九龍城土瓜灣道 86 號順聯工業大廈 6 樓 A 室
　　　　　　　電話：(852)25086231　傳真：(852)25789337
　　　　　　　E-mail: hkcite@biznetvigator.com

馬新發行所 —— 城邦 (馬新) 出版集團 Cite(M) Sdn. Bhd. (458372 U)
　　　　　　　41, Jalan Radin Anum, Bandar Baru Sri Petaling,
　　　　　　　57000 Kuala Lumpur, Malaysia.
　　　　　　　電話：(603) 90563833　傳真：(603) 90576622
　　　　　　　E-mail:services@cite.my

印　　　刷 —— 漾格科技股份有限公司
初版一刷 —— 2018 年 7 月 31 日
初版四刷 —— 2023 年 12 月 29 日

ISBN：978-986-96244-3-5　　　　　版權所有‧翻印必究

定價：450 元

推薦序

數字，和它們的原產地，
還有背後的意義

文／劉奕成

Line Biz Plus 北亞金融董事總經理

正準備要搬家，膠膜仍在未開封的新書、已經翻爛的愛書和散亂的書稿，一落落各自蹲踞在客廳地板上。

我隨手拾起一大疊書稿，自在翻閱，最終眼神停在這本書稿上，這彷彿是一本關於數字的書，莫名攫取了我的注意力。我向來就很喜歡有數字的書，2018 年初，日本出了一本書，書名叫做《2017 年最大的質數》（暫譯，『原名 2017 年最大の素数』，虹色社出版），就是將總共 23249425 位數的「$2^{77,232,917}-1$」這個數字，惡狠狠地印了厚達 3.2 公分的 719 頁，因為深具療癒效果，一時洛陽紙貴，我也毫不猶豫買了一本。聽說出版社原本是要把圓周率 π 硬生生印到小數點後不知道哪一位數，最後正因為不知道該到那一位數，眾說紛紜、言人人殊，只好作罷。

分心了。

我喜歡數字，應該也是因為數字是所有資料中最具療癒效果的，就像小時候上數學課，許多學生隨著秒針的推移，慢慢分心走神出戲一樣。講到數字馬上神思飄移，離題甚遠。別再飄了，快回到這本書，中文書名是《用數字做決策的思考術》（原書名『定量分析の教

科書：ビジネス数字力養成講座』），單刀直入的說這是一本跟數字有關的書，但是其實整本書中的數字，沒有任何一個單獨存在時會具備任何意義，要幾個數字搭配在一起才有意義，要往數字後面看去才有意義。正如書中御手洗富士夫說：「沒有數字的故事和沒有故事的數字都沒有意義」。

書中拿來破題的主要例子，就吸引了人無限關注的目光。這個例子是說：單身職業婦女期待男性的年收入是多少？對於自己心儀的男生，所期待的年收入又是多少？根據 2010 年的統計數字，前者是 552.2 萬日圓，後者是 270.5 萬日圓。這中間的差距，就是「愛的代價」。也就是說，根據統計分析：單身職業婦女，願意因為自己所愛的人，降低對年收入的期待近 300 萬日圓。喜歡的人賺的少一點，甚至連一半都不到，也沒有關係。

當然這只是靜態統計分析，更只是「婚前」的狀況，請讀者不要期待，更不要看了這本書，就責怪你的另一半婚後有所改變，天天督促你賺錢養家，畢竟「婚前」的她，還不理解婚後的柴米油鹽醬醋茶。

其實我自己在理解經濟學或管理學的概念時，也習慣將生澀的文字轉換成圖表或數學的關係式，希望能更容易理解。除了數字，這本書也教會我們運用圖表將數據視覺化的重要性，書中介紹名聞遐邇的白衣天使南丁格爾女士，也設法用圖表來描述克里米亞戰爭的死因結構，她選擇用面積大小來表達傷亡人數的死因比例，結果令人意想不到：士兵傷亡的原因居然不是戰爭負傷身亡，而是因為醫院衛生狀態惡劣，壽終於當時的傳染病。時值維多利亞時代，社會上還有許多目不識丁的升斗小民，多虧了南丁格爾女士淺顯易懂的圖表表示方式，讓當時的國會議員和官僚正視問題的嚴重性，最後迫使軍隊改善醫院狀況，從而拯救許多人命。

　　這本書的作者，除了試圖用深入淺出的例子，從「分析」開始，誘導讀者對數字背後的意義產生興趣，事實上用心良苦，一步一步進逼，要讀者進入統計學中比較艱深，但是要看懂數字背後的意涵，卻必然躲不掉的領域；像是建立假說來驗證。

　　書中藉由《愛麗絲夢遊仙境》（*Alice's Adventures in Wonderland*）故事娓娓道來，透過貓咪之口，告訴愛麗絲目標的重要性，因為愛麗絲要貓咪告訴她該往哪兒走，卻沒說想去哪兒，貓咪的回答就是：「只要多走點路，去哪裏都準沒錯」，但是沒目標就是浪費時間。所以作者建議大家工作時需要先建立假說，也就是需要先想出目次（按：意指大綱、架構），再想出目次的之下故事發展，雖然好像先射箭後畫靶，但如果假說正確，可以事半功倍，即使假說錯誤，也能提升建立「假說的能力」，可以提高工作效率。

　　隨著這本書陸續提到反曲點、異質性、抽樣、變異數、共線性、相關係數、簡單迴歸分析和複迴歸分析等術語，乍看之下，還以為這是一本統計學教科書，但是作者透過有趣的故事、令人印象深刻的例子，讓我們更能用淺顯的方式來了解深奧的語言，得知統計學是如何應用在日常生活中，就像書中提及經濟學家奧利・艾森菲特利用複迴歸分析推導出品酒方程式：洋酒的價格取決於年份、氣溫、雨量等，預測結果奇準無比。

　　如果認真花點時間看懂這本書，不用多久，從簡單的加減乘除到迴歸分析，無論是什麼樣的數字，代表什麼樣的意義，都能手到擒來。

　　看了這麼多「數字和它的原產地，還有背後的意義」。學而時習之，我們也可以來練習一下：2018 年 5 月間，行政院副院長施俊吉表示，台灣的平均月薪資是新台幣 5 萬多元。好了，這時候鄉談巷議出現了兩組數字，一組是 59,852 元，另一組是 58,931 元，到底哪一

組數字才是真的？答案是：這兩組數字都是真的，前一組數字密碼，是 2018 年第一季台灣的「平均月實質薪資」可達 59,852 元，是 18 年來新高，這看起來太高了吧？其實那是因為第一季的總薪資包括年終獎金在內，只除以 3，數字會比其他季度要高。

第二組數字是 58,931 元，這是因為台灣 2017 年勞工平均薪資 49,989 元，但是因為外勞人數持續成長，已經有 62 萬名外勞，而因為外勞人數愈來愈多，而薪資較低，如果排除外勞，本國勞工的平均實質薪資是 58,931 元，是所有勞工平均實質薪資的 1.25 倍，也是 18 年來最高。

這樣的敘述，看起來言之成理，但是又公說公有理，婆說婆有理。不知道各位的想法呢？如果我舉的這個例子，把各位看完本書好不容易燃起的熱情又澆熄，我在此跟各位讀者道歉，請各位繼續看下去，畢竟數字沒有魔法，有魔法的是能夠解釋數字的人。看完這本書後，讀者應該發現：要討論薪資，不能只有「平均數」，其實「中位數」也很重要，甚至「各區間分配」也很重要。舉例來說，一個城市是春天 30℃、夏天 40℃、秋天 10℃、冬天 0℃，另一個城市春天是 20℃、夏天 25℃、秋天 20℃、冬天 15℃，兩個城市的年平均溫度都是 20℃，哪一個比較適合居住？

前言中提到美國小說家馬克‧吐溫對數字的評語：「世上有三種謊言─謊言，天大的謊言，還有統計。」信哉此言，為統計分析，或者說是試圖分析數字的行為，下了精采的註腳。讀者們好好看一下這本書，保證不會發出「世上有四種謊言：謊言、天大的謊言、統計還有書序」的喟歎。

推薦序

數字，
是合理解決問題的心法

文／尹相志

亞洲資採（AsiaMiner）技術長

　　本書一開始就引用了馬克‧吐溫引過的格言「世上有三種謊言：謊言、天大的謊言，還有統計」，這句話聽在政府才剛宣布每月實質薪資近新台幣 6 萬元的台灣民眾來說，一定是分外有感。當政府的統計數字背離了民眾的實質感受，大家才會赫然發現，過去依賴決策的數據竟然可能只反映局部的真實，也因此在充滿數據的商業社會中，如果只有分析數字的算法，卻缺乏正確剖析問題，並且思索如何透過數據來合理解決問題的心法，恐怕數據決策帶來的不會是更多的天縱英明的決策者，反而會是製造出更多的恐龍決策觀。

　　沒錯，就是心法。在筆者曾經有過的數據科學從業經驗中，曾經有看過號稱身經百戰的數據科學家用了號稱是 kaggle 刷榜神器的 Xgboost 演算法，來為電信公司解決客戶流失問題，結果分析成果得到的結論告訴我們最重要影響客戶流失的變數是「客戶合約還有多久沒到期」等等，這個重大結論一說出，台下所有電信公司主管應該心中都翻了白眼。當花費許多人力物力，卻挖掘的到卻是眾人皆知的常識時，這意味著徒有演算法這把屠龍刀，但是缺乏在數據世界中衝鋒陷陣的戰術心法，恐怕再多戰績都只是辛酸，難以發揮實質的效果。

　　那該怎麼辦？要培養一個數據科學家，算法統計好教，產業知識比較難教，但是最難教的就是對於數字的敏銳感，而本書正是企圖要來解決數字敏銳感這個棘手難題。

　　本書前半段「分析的觀念」談的是如何把一個看起來虛無到極點的命題（像是「真愛值多少錢」這種大哉問），能夠轉換為能用數字表示的結果。對多數的數據科學家來說，遇到這種題目恐怕只能徒呼負負，然後回頭上臉書批評這客戶沒 sense，但是作者巧妙的將問題轉換為理想對象收入與「面對心愛的對象時，即使他的收入低到多少我也願意跟他結婚」這兩個數字的比較問題，如此一來，虛無的大哉問立刻變得具體。其實這樣的計算過程就跟我們去計算蘋果手機的品牌溢價其實是一樣的方法論，但是只是一開始的命題談到了真愛，反而讓人一開始不知道該如何下手處理問題，而作者在本書中則是透過大量的案例，逐步培養讀者對於解題的精準度。

　　本書的後半段「比較的技術」則是直接提供讀者們拆解「每月實質薪資近 6 萬」這句話的技能，從如何應用具備不同說故事能力的圖表，到選擇比較以及呈現趨勢的方法，我想這對於讀者來說，不光是強化不被數字欺瞞的消極防禦，更重要的是也讓各位擁有如何藉由靠數字表達自己理念的積極能力。

　　畢達哥拉斯（Pythagoras，直角三角形勾股定理發明人）曾說過「萬物皆可數」，現在的世界就是用數字所構成的，掌握商業世界的脈動就必須理解數據，然而您所需要的數據力不僅在於如何算，更重要的是如何運用心法來解讀潛藏在數據背後的弦外之音，我想本書應該是能夠在這領域助各位一臂之力的重要工具書。

第 I 部　分析的觀念

第 II 部　比較的技術

第4章
以肉眼觀察「比較」：活用圖表　137

前言

　　美國小說家馬克・吐溫（Mark Twain）寫過家喻戶曉的《湯姆歷險記》（*The Adventures of Tom Sawyer*）。他曾經引用英國首相班傑明・迪斯雷利（Benjamin Disraeli）的名言：

「世上有三種謊言，謊言，天大的謊言，還有統計。」
（There are three kinds of lies: lies, damned lies, and statistics.）

　　剛開始接觸到這句話時，很容易就以為馬克・吐溫是在說數字絕不可信任。不過，其實這句話也道出了數字重要的一面。

　　假設謊言的目的是要讓對方相信原本就不真實的事物，數字的說服力就更為強大，尤甚於謊言之上的天大謊言。交涉當中擁有說服力，讓人一不留神就被騙的是數字操弄人心的力量，也就是數字能力。

　　附帶一問，數字真的是超越天大謊言的謊言嗎？

　　為了彌補數字的名譽，馬克・吐溫還針對數字說過以下這句話：

「數字不會說謊。說謊的人會用數字（來撒謊）。」
（Figures don't lie, but liars figure.）

　　我認為對於許多商務人士而言，數字是繼日文（按：或讀者的母語中文）和英文的第三語言。借用馬克・吐溫的話來說，數字擁有的

說服力和操弄人心的力量，凌駕於天大的謊言之上，是世界共通的交涉方式。同時，就如日文這種語言會影響日本人的思考模式一樣，數字這種語言也會影響思考。就如算式是邏輯的薈萃一樣，數字是邏輯思考的基礎。換個方式形容，就是使用數字這種語言思考之後，商務上不可或缺的邏輯思考能力將會更形強化。

然而，我在商學院的課程和企業培訓上，跟許多社會人士一起學習如何使用數字分析的過程當中，也深切感受到很多人對數字這種語言的排斥和過敏程度猶在英文之上。就如學習語言有訣竅一樣，其實學會數字這種語言也是有訣竅的。

這本書是要讓讀者一同看看跟數字打交道的訣竅。另外，本書的副標題「數字力」（按：日文原書名為『定量分析の教科書：ビジネス数字力養成講座』，中譯為《定量分析的教科書：商務數字力養成講座》）這個詞的意義，除了各位運用數字的技巧之外，還蘊含了另一層涵義，那就是數字擁有操弄人心的力量。

GLOBIS 商學院教授

鈴木健一

分析的觀念

　　每天的工作是一連串的行動。要實現眾人期盼的結果，每一天就要採取某些行動。而行動時要選擇什麼樣的行動，則必然跟大大小小的決策分不開。

　　以商學院為例，想盡量吸引多一點優秀的學生報考，就需要做各種一連串的決策。像是該鎖定哪種社會人士，跟別校相比該以什麼特色為賣點，整個課程該怎麼設計等等。

　　做出「好」決策的必要條件是什麼？就如同要做出美味的菜餚，關鍵就在於好的食材和活用食材的烹飪技巧一樣，想做出「好」決策，就不能缺少以事實為根據的優質分析。

　　分析大致可分為用到數字的「定量分析」和不用數字的「定性分析」，由於在商務上要面對的數字特別多，因此本書會把焦點放在定量分析上。

　　第 I 部要思考如何在分析時關鍵的動腦法、分析的目的和應當採取的步驟，我們就一起來看看吧。

第 1 章

分析的本質

　　「總之就先蒐集數據，製作各種圖表再說，卻常被人批評『說到底你想表達什麼』」、「就算看了別人製作的圖表，也不知道該解讀什麼」、「我就是覺得數字很棘手，真討厭」，相信很多人正在煩惱該怎麼用數字分析，跟數字打交道吧？

　　第一章要跟各位一起思考的主題是分析原本的目的是什麼，分析在做什麼。

　　「來算算數字吧！」

1　跟數字打交道的方法

■■ 1-1　讓討厭數學的人愛上它

各位喜歡數字嗎？擅長運用數字嗎？

不知為何商學院很喜歡用 2×2 的矩陣歸納各種現象，那就用矩陣歸納一下各位現在的狀態。二條軸線就如「數字樂園：迷宮矩陣（一）」所示，縱軸代表「喜歡／討厭」，而橫軸代表「擅長／棘手」。你在做自我評估時是位在 A、B、C、D 四個象限的哪一個呢？

講課和辦企業研修時，剛開始也一定會做這種自我評估。通常約有將近六成的人是 A，對數字「喜歡但棘手」，另有將近三成的人是 C「討厭又棘手」，剩下少數人則是「喜歡又擅長（B）」或是「討厭卻擅長（D）」。

喜惡暫且不論，大多數人似乎認為數字很「棘手」，覺得擅長的人是極少數派（或許就因為這樣，我的課程才開得下去）。

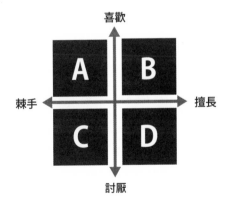

數字樂園：迷宮矩陣（一）

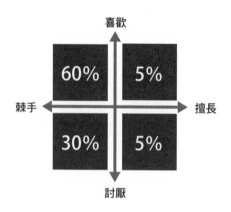

數字樂園：迷宮矩陣（二）

　　這本書的目標是要盡量將各位從自己現在的位置，移到數字樂園「？」的象限上。或許乍看之下會覺得很難，不過要實現「棘手→擅長」，只需要一點跟數字打交道的訣竅。另外，為了達到「討厭→喜歡」，我希望能讓大家共同體會運用數字的喜悅和樂趣。期盼各位可以盡量接觸由數字引發的趣味實例，同時一起學習跟數字打交道的方法。

■■ 1-2　數字在商管上的意義

　　許多拿起這本書的讀者，想必是會在商務上使用數字，或是強烈感受到其必要性的人吧？反倒是工作時完全不用數字可能還比較難。

　　或許數字的必要性在這種人眼中不言自明，不過在此要重新思考，數字在商業管理上究竟代表什麼意義呢？

　　關於這一點，實際看看經營公司的商管專家如何談數字，或許是最快的方法[注一]。

注一：鈴木健一（2015）〈孫正義、賈伯斯、鈴木敏文：知名演說的心理學〉《PRESIDENT》雜誌 3 月 30 日號。

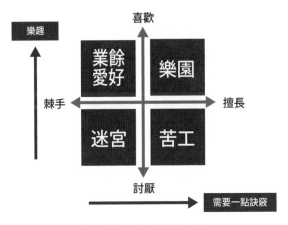

數字樂園：迷宮矩陣（三）

「會計數字就像是飛機駕駛座上的儀板表。假如沒有顯示出真實的情況，就不能往正確的方向操縱。」（稻盛和夫，京瓷〔KYOCERA〕創辦人、日本航空〔JAL〕會長）

「對話中沒有正確的日期、金額和其他數字，就不是在談生意，而是兒戲。」（似鳥昭雄，宜得利〔NITORI〕社長）

「問題必有原因，而數字是誠實的。只要實際根據原因和數字，就一定找得出對策。」（澤田秀雄，三賢旅行社〔H.I.S.〕社長）

「開會時幾乎都把時間花在報告數字上。因為以這種方式開會時，數字本身就會說話。」（小山昇，武藏野〔Musashino〕總經理兼社長）

「沒有數字的故事和沒有故事的數字，都沒有意義。」（御手洗富士夫，佳能〔Canon〕會長）

其中我最常在課堂中引用的是上述御手洗先生的名言。因為沒有一句話能比這更言簡意賅地掌握數字在商管上的意義。

御手洗先生在雜誌的訪談當中說過以下這段話：

「用數字呈現目標之後，描述方法的故事就會浮現出來。要讓這個數字成真該做些什麼，由誰在什麼情節下做什麼工作，這時需要什麼場景等。沒有數字的故事和沒有故事的數字都沒有意義，更無法施行和達成。只要出示數字和保證能夠實現的故事，就會提高經營計畫的可信度，確保市場和股東的信任。數字能力會賦予言詞信賴的力量。」[注二]

商管和做生意是為了達成目的（比方像賺錢）而進行一連串的行動，比方像開發、製造和販賣商品與服務等。因此必須弄清該怎麼樣將行動導向結果，需要「做這件事（手段）之後會變成這樣（結果）」的因果故事。這則故事有時會以「計畫」、「策略」或其他各種詞彙形容。不過，要是沒有這種札實的故事，說不定就會成為「魔咒」，不曉得行動是否會展現到結果上。

雖然經營公司需要故事，但另一方面，要是沒有具體方法，老是不知道要做什麼，做多久，故事到最後就會變成一場空。借用似鳥先生的話來說，那就只是「兒戲」。賦予故事具體方法，賦予故事是否能夠進展順利的判斷標準，就只有「數字」而已。或許該把「數字」

當作故事與現實的接點。

　　以下要從「假說思考」（hypothesis thinking）和「分析」的角度，同時探討商管所需的故事和數字。

【圖表 1-1】分析最大的關鍵

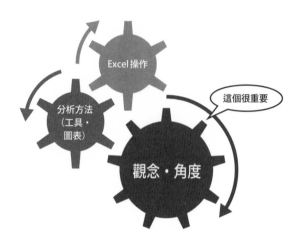

2　什麼是分析？

　　說到用數字來分析，往往會讓人忍不住想到高中和大學學到的艱澀（？）「統計」和複雜的 Excel 操作，但其實本質上的觀念和角度相當簡單。

　　借用愛因斯坦（Albert Einstein）來說，就是：

「假如你沒辦法簡單說明，就代表你了解得不夠透徹。」

（If you can t explain it simply, you don't understand it well enough.）

■■ 2-1　「愛」值多少錢？

這裏要跟大家一起想想簡單的分析。

「愛，到底值多少錢呢？」

這個提問要用什麼樣的數據和圖表才能回答呢？

儘管愛也有各種形式，不過這裏要先專心思考容易設想的男女之愛。

假如在商學院的課程中進行這項專題討論，就會冒出各式各樣的想法。像是將送給對方的禮物和約會用掉的時間換算成金錢相加，或是設法從壽險和離婚時的贍養費推導出結論。乍看之下似乎很簡單，但壽險在有真愛時保額會比較高嗎？搞不好沒有愛時才會比較高。

雖然也有人認為愛原本就無價，不能換算成金錢，但這裏要介紹有趣的分析案例(注三)。

就如【圖表 1-2】所示，安盛人壽實施一項調查，以職業單身婦女（25 至 44 歲）為對象，詢問她們期望男性有多少年收入，結果發現理想的平均年收入為 552 萬日圓。反觀在問到「假如出現一個自己愛慕的對象，那名男性的年收入比理想的年收入降到多低，妳也願意結婚」時，年收入則為 270 萬日圓。兩者的差額約為 282 萬日圓，可以解釋成一年的愛就值這麼多。

比較間接問出的答案再試算愛的價格，而不是劈頭就問「『愛』值多少錢」，這真是高明巧妙的分析。

■■ 2-2　分析的本質在於「比較」

在「『愛』值多少錢」的例子當中，將真愛跟感覺不到愛的回答「比

注三：西口敦（2011）《為什麼找不到普通的老公？》（暫譯，原名『普通のダンナがなぜ見つからない？』）文藝春秋。附帶一提，這本書介紹了許多與擇偶、結婚有關的分析能力，請務必一讀。

【圖表1-2】職業單身婦女（25至44歲）期望男性有多少年收入

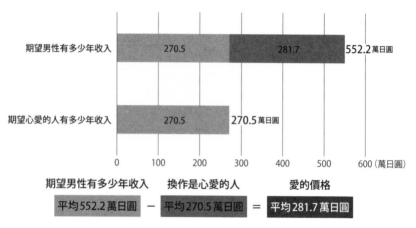

（出處）安盛人壽保險〈成年女性風險實況調查〉2010年2月

較」之後，就能順利從差額當中推導出愛的價格。其實大家每天用數字做的分析，當中的本質就在於「比較」。要說「沒有比較就沒有分析」也不為過。

分析是在比較之後從數字這個原石中提煉出意義來。大家平常在做的分析，多半也是在無意識間做某些比較。單單意識到在比較什麼，比較的對象為何，分析也就會變得異常敏銳。

那麼，為什麼要比較呢？

要回答這個問題，就必須追溯做生意時究竟是要分析什麼。

做生意的本質是什麼？別人問我時，我會用一句話回答「架構因果關係」。因為做生意時通常會有期待成果和目標，要採取各式各樣的行動以求實現。這時該採取什麼行動才有效率，兼而拿出有效的成果，就足以讓人天天傷腦筋。

要藉由行動拿出期待的成果，就少不了行動和期待成果之間的因果關係。假如採取了因果關係不明確的行動，行動的水準就跟「念

【圖表 1-3】解決問題

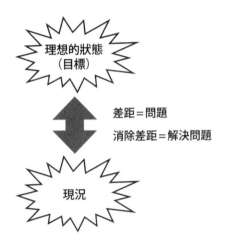

咒」幾乎一樣。

　　用別的話來形容，或許也可以說是「明白因果關係就能改變未來」。大家不就是為了改變未來而工作的嗎？應該會想要改變未來吧？

■■ 2-3　解決問題與比較

　　就算用三言兩語談因果關係，也難以想像要怎麼分析，所以我們要以具體的例子，思考該如何解決問題。大家在工作中接觸到的內容，從廣義上來看多半是要解決問題。說到解決問題，或許會覺得「每天的工作沒有那麼多的問題要解決」。

　　首先必須在此思考問題究竟是什麼。常用的實用定義就如【圖表 1-3】所示，做法是將現況和理想狀態之間的差距當成問題。從這種想法來看，電腦開不了機也可以稱之為問題（理想狀態＝啟動的狀態，現狀＝開不了機、無法運作）。

　　另一方面，將理想的狀態當成目標後會怎麼樣？大家的工作幾

【圖表 1-4】　解決問題與比較

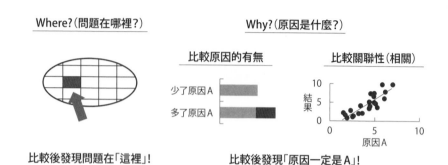

Where?（問題在哪裡？）

Why?（原因是什麼？）

比較原因的有無

比較關聯性（相關）

少了原因A

多了原因A

比較後發現問題在「這裡」！

比較後發現「原因一定是 A」！

乎都是為了目標採取某種行動吧？目標與現況有差距也算是出問題。假如從一開始目標和現況就一致的話，就沒必要採取任何行動了。要以行動來達成目標，就要消除目標和現況的差距，也就是要能掌握解決問題的方法。

　　跟電腦開不了機這種淺顯的例子不同，要解決後者的問題，就要在設定理想的狀態之初防止問題發生。領導者重要的任務之一在於設定目標，但若根據問題的定義來思考，說不定就會發現，領導者的任務是在設定目標這個理想的狀態時「製造問題」。

　　所以說，要解決問題，就必須掌握因果關係，採取某些行動消除差距。

　　解決問題該從因果關係本身下手，因此這裏要以商務當中具體思考因果關係為例。就如【圖表 1-4】所示，我們要用 What ─ Where ─ Why ─ How 的提問框架稍微思考一下。這個框架通用性高，經常用來解決問題（關於這個框架將會在第二章再次詳細說明）。

　　① What：該解決的問題（理想狀態與現實的差距）究竟是什麼？

② Where：問題在哪裏？

③ Why：為什麼問題會發生？

④ How：解決方案是什麼？

要回答這四個提問當中的前面三個提問，就少不了「比較」。

首先，闡明問題所在的 What，通常是要定義理想狀態和現況的差距，這就是在比較。其次，要回答鎖定問題和對象的 Where，以及釐清原因的 How，也少不了「比較」。

跟其他部分比較之後，方能發現問題在哪裏；另外，比較原因和結果觀察關聯性之後，方能看出問題的原因。

比方說，你在超商擔任新商品（使用有機食材的高級便當）的販賣企畫人員。這時你應該思考要鎖定那種客人為目標客戶（Where），還有便當的包裝要向顧客訴求什麼才更能賣得掉（Why&How）。

首先我們要設想目標客戶（Where）。這時必須思考對有機食材便當感興趣和有反應的人是哪個客層。比方像是從消費者問卷調查的回答中，得知家有幼童的主婦客層對此反應極為敏感。這個過程正是在比較主婦和其他客層關心有機食材的程度高低。

另外，我們還要思考該以什麼觀點打動這種家有幼童的主婦客層，才可以賣得更多（Why&How）。

回顧過去推出講究食材的便當之際，有沒有將生產者的肖像印在包裝上，銷售額就天差地遠。或許是因為有了肖像就比較有親切感，銷量就暴漲了。考慮到這次將肖像印在包裝上一定也會比較賣，於是就決定將肖像放上去。這正是從肖像的有無跟銷售額的比較當中，衡量兩者的因果關係。

■■ 2-4 追根究柢，因果關係與比較

人的腦子在推估因果關係之際是怎麼思考的，我們要以數據為基礎稍微設想一下。

每年一到冬天，感冒和流感就會流行。但是有一年，平時必定會喉嚨痛或流鼻水的我，就只有那一年別說是流感，就連感冒都沒得。於是我就在想，為什麼呢？原因是什麼？今年有什麼是跟以往不同的呢？

後來我猜原因多半在優酪乳上。今年我愛上了某家超商的優酪乳，冬天一到就幾乎天天都在吃。於是我就想到，原因一定是優酪乳的乳酸菌增加了身體的免疫力，所以才沒染上感冒。

雖然不曉得真正的原因是否在於優酪乳提升了免疫力，不過這種思考模式是推論因果關係的典型作法。換句話說，就是比較結果的不同、原因和期望的差異，建立關聯的因果關係。

我們再透過其他的例子想一想。

近年來有研究指出反思學習法的重要性[注四]。例如有一組反思過的學生和一組沒有反思過的學生，測驗的平均分數如【圖表 1-5】所示。又如沒有反思的小組的平均分數為 66 分，而反思組則比這高出 15 分（除了反思之外條件都相同）。

大家看得出反思和測驗結果有什麼關係嗎？比較有沒有反思跟測驗結果的差異，就能判斷得出兩者有因果關係了吧？也就是說，藉由反思就能提升測驗結果。附帶一提，這份數據引用自實際的研究結

注四：比方像是和栗百惠(2010)〈「反思」與學習：大學教育的反思輔助之探討〉《國立教育政策研究所紀要》(暫譯，原名「『ふりかえり』と学習—大学教育におけるふりかえり支援のために」『国立教育政策研究所紀要』) 139：85-100。

【圖表 1-5】反思的效果

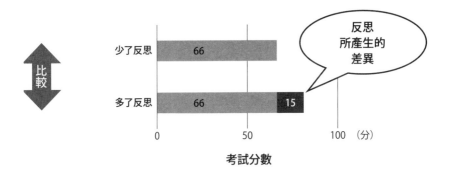

果^(注五)。假如反思之後就能提高 22％的成績，就沒有人會不反思了。

這個案例當中的原因在於定性類的有沒有「反思」，接下來要是原因出在數量時會怎麼樣呢？【圖表 1-6】是商學院學生持續記錄生活時間，將每一季實際的學習時間和各學期成績畫成圖表。從學習量跟成績的比較當中，可以發現用功時間愈多成績就愈好。從這層關聯性（稱為共變〔covariance〕或相關〔correlation〕）能夠看出學習量會影響測驗結果，愈用功測驗結果就愈好的因果關係。

從這二個例子可以知道，要比較原因是否符合期望，或是比較數量的大小與結果的關聯性，從差異當中推估因果關係的有無和效用。將這種比較的關係稍微改寫成方程式後就如以下所示^(注六)：

注五：Giada Di Stefano et al.（2014）"Learning by Thinking: How Reflection Aids Performance," Harvard Business School Working Paper 14 -093.

注六：這條公式是根據林岳彥先生的資料「關於相關與因果的思考」建立而成。

【圖表 1-6】學習量的效果

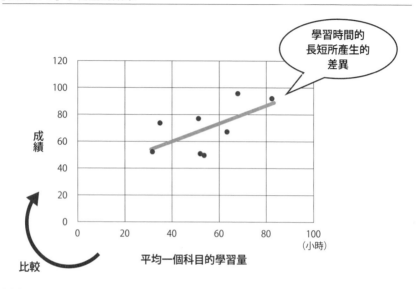

（出處）GLOBIS 商學院畢業生野呂浩良記錄自己如何運用時間的分析數據

X → Y 的因果關係之效用
＝（X 發生時的 Y）－（X 沒發生時的 Y）

　　很可能人類從太古以來就為了生存，而在無意識間學到這種思考形式。用圖表解釋這類數據之後，幾乎所有人都推論得出因果關係，卻往往不能解釋為什麼要這樣推論。

　　說不定人類正是因為學到這種推估因果關係的思考模式，才能在動物當中獨獨發展高度的文明。

　　目前為止都把這形容成「推估因果關係」。因為就算有人提供重要的線索，暗示這種關係或許是因果關係，也不見得真的是如此（關於因果關係的必要條件將會在第四章說明）。

　　最好的例子就是**【圖表 1-7】**。比方說，如果你是推銷員。有一

【圖表 1-7】紅色領帶與因果關係

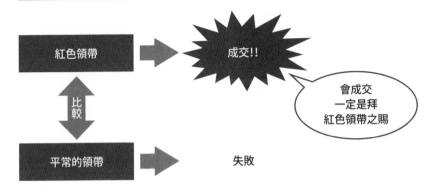

　天在跑業務時偶然戴了紅色領帶，結果就順利成交了。你猜測當時跟平常的不同是在於紅色領帶。因此你或許會想，紅色領帶就是決勝關鍵，所以往後遇到談買賣的重要日子，就一定要打紅色領帶過去。

　　的確有些人稱紅色領帶為「權力領帶」，認為這是強力和激情的象徵。實際上，經常可以看到歐美的政治家和經營者打紅色領帶。因此，紅色領帶對客戶的心理狀態帶來正面影響的機會不是完全沒有，但我們也要在此想一想有沒有其他的可能性。

　　說不定除了紅色領帶之外，還有你跑業務的做法和客戶方面的差異。比方說，或許是因為客戶相當重要，所以做出來的提案書遠比平常還周密，至於選了跟平常不同的紅色領帶，就只是為了轉換心情而已。這種情況之下，與其認為紅色領帶直接影響成交，還不如說準備周密的提案書才是成交的原因。

　　推估因果關係的思考模式會像這樣銘刻在任何人的腦中。然而，問題在於平常無意識使用這種思考模式，一旦要嘗試分析時，就沒辦法活用自如。想要妥善分析，關鍵就在於過程中要意識到「用比較來掌握因果關係」的思考模式。

COLUMN

戀愛方程式

　　有句話說：「幸運女神的後腦杓沒有頭髮，她的頭髮只長在前額。」

　　指的是機會溜走之後會後悔莫及，別讓機會逃掉，悔不當初。附帶一提，只有瀏海的女神。其實原本希臘神話的機會之神卡俄茹斯（Kairos）並非女神，而是一名少年。由於他的頭髮長在前額，等於只有瀏海，因此機會一來就只能抓住那撮頭髮。

　　那麼，既然前面談到「愛」值多少錢，現在就稍微離個題，一起想想該採取什麼策略，才能在戀愛時邂逅真命天子／女，免得後悔。當然，只要和各式各樣多不勝數的人交往就行了，但很多人能夠交往的對象人數其實有限。這種條件之下，該跟多少對象邂逅再從中選擇這個人？假如放掉這個人再找下一個，不就能遇到更適合自己的對象嗎？不過，或許以後不會出現比這更好的人，這種令人煩惱的狀況似乎也是存在的。

　　其實這種情況可以用簡單的算式計算其機率。只要在遇到第幾個對象（r）之後選擇這個人，就能邂逅命中注定的人（你心目中評價最高的人）。先說結論，如果這輩子其實會跟 10 人交往，再從這個算式計算其機率之後，就會發現「r = 4」時機率最大。

　　換句話說，為了將邂逅命中注定對象的機率最大化，哪怕剛開始的 3 人（＝ 4 － 1）對象是多麼好的人，也要對他們說「抱歉」。而要是遇到第四位以及其後的人，比剛開始的 3 人還要好，就選擇那個人，這才是最好的策略。

　　另外，假如一生當中交往的人數 n 愈來愈大，就會發現最適合將機率最大化的 r 會逼近於 n/e（只不過，e 是自然對數的底數，約為 2.71，因此 1/e 約為 0.368），該對這輩子剛開始 36.8% 的交往對象說「抱歉」，或是再單純一點，拒絕剛開始大約三分之一的人。

假如要說人類實際上會怎麼行動，那就是往往等不到最恰當的人數就做出決策。或許不斷分手的確是太難受了。

＊　＊　＊

接下來要對感興趣的人說明一下，這種算式究竟為什麼可以計算機率。沒興趣的人麻煩請跳過。

機率的算式就如以下所示：

$$P(r) = \left(\frac{r-1}{n}\right) \sum_{i=r}^{n} \left(\frac{1}{i-1}\right)$$

這裏的 n 是你這輩子交往的對象人數。

另外，如果你交往時是採取以下的策略：對剛開始的（-1）個對象說「抱歉」，假如第 r 人之後的交往對象比剛開始甩掉的（r-1）個人還要好，就當場選擇那個人。還有，時光無法回頭，就算能夠找到下一個對象，已經甩掉的人也不會回來。這真會叫人悔不當初。

雖然懷念的（？）∑（讀做 sigma）出現在算式中的瞬間足以把人差點嚇死，不過 ∑ 符號指的是將某個範圍的數值全部相加，就如以下所示：

如果命中注定的對象是 M，當你的策略確立之後，就不斷拒絕剛開始的(r-1)人，第 r 人以後要是出現的對象比剛開始(r-1)的還要好，

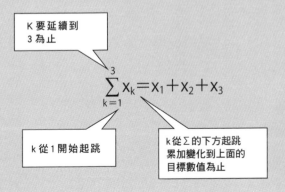

K 要延續到
3 為止

$$\sum_{k=1}^{3} x_k = x_1 + x_2 + x_3$$

k 從 1 開始起跳

k 從 ∑ 的下方起跳
累加變化到上面的
目標數值為止

就選擇那個人。運用這個策略邂逅 M 的機率是 P（r），是將以下個別
情況的機率相加的結果。

- 第 r 人是 M，而且直到第 r 人為止途中不選擇對象，終獲良緣
  的機率。
- 第（r+1）人是 M，而且直到第（r+1）人為止途中不選擇對象，
  終獲良緣的機率。
  …
- 第（n-1）人是 M，而且直到第（n-1）人為止途中不選擇對象，
  終獲良緣的機率。
- 第 n 人是 M 君，而且直到第 n 人為止途中不選擇對象，終獲良
  緣的機率。

　　個別的機率當中，所有的候選對象為 n 人，因此第 i 人是 M 的機
率為 1/n。反觀直到第 i 人為止途中不選擇對象，終獲良緣的機率，
則可照以下方式計算。

　　要等到第 i 人後終獲良緣，就必須在那之前不做選擇。第 i 人之
前的 i 名對象當中最好的是 M。現在讓我們想一想你邂逅的 i 名對象
當中，第幾個對象是繼 M 之後第二好的人（姑且稱為 N）。因為 N 是
第幾個遇到的對象，將會左右與 M 相逢的命運。這裏要分別衡量到
二個情況：

- 假如 N 君在第（r－1）人之前。
- 假如 N 君在第 r 人到第（i－1）之間人。

　　假如對第（r－1）人說「抱歉」之前 N 就在，就代表第 r 人以
後沒有超越 N 的人，所以要在遇到第 i 人 M 之後，再選擇 M。
　　反觀 N，在第 r 人到第（i－1）之間時，由於在遇到 M 的瞬間，

N 是當時最好的對象，所以至少在遇到 M 之前（或是在遇到 M 以外的第 r － 1 人之前，就碰到更好的對象）就會選擇 N，等不到 M 出現。

因此，假如想遇到第 i 人 M，邂逅時繼 M 之後第二好的 N，就必須在剛開始的（r － 1）人當中。我們可以算出第二好的 N，出現在剛開始的第（i － 1）人到第（r － 1）人的可能性為（r － 1）／（i － 1）。

總而言之，第 i 人是 M，而且直到第 i 人為止途中不選擇對象，終獲良緣的機率是：

$$\frac{1}{n} \times \left(\frac{r-1}{i-1}\right) = \left(\frac{r-1}{n}\right) \times \left(\frac{1}{i-1}\right)$$

假如算這個機率時將 i 透過 ∑ 從 r 相加到 n，就會化為最開頭的算式。

附帶一提，這條戀愛方程式是為了將邂逅最佳對象的機率最大化而設想的策略，但實際上還有一條策略，是不強求必須邂逅最好的對象，第二好或第三好的人也不錯，將結婚對象的期望值（expected value）最大化（找出平衡點邂逅好對象）。

這時最佳的策略跟之前的策略（要對剛開始約三分之一的人說「抱歉」）著實不同。研究人員發現，這種情況之下，最適合的策略是假設一生中能夠交往的人數為 n，再對剛開始的 $\sqrt{n} - 1$ 人說抱歉，之後要是遇到的人比拒絕過的對象更好，就毫不猶豫地選擇對方，這才是最好的策略[注七]。

比方說，假設這輩子能夠交往的對象有 10 人，答案就是 $\sqrt{10} - 1$ 等於 2.16，要向剛開始的二人說抱歉，第三人之後要是出現的對象比剛開始的二人還要好，就選擇對

r	P(r)
2	0.2829
3	0.3658
4	0.3987
5	0.3983
6	0.3728
7	0.3274
8	0.2653
9	0.1889
10	0.1000

注七：J. Neil Bearden（2005）"A New Secretary Problem with Rank-Based Selection and Cardinal Payoff," *Journal of Mathematical Psychology* 50 (1): 58-59.

方。跟開頭的策略把目標放在先邂逅最佳對象再說相比，還是稍微早一點決定才好。

　　前面談到，採取把目標放在邂逅最佳對象的策略時，人類實際的行動往往是等不到最恰當的人數就做出決策，但是人類實際的行動與其說是把目標放在邂逅最佳對象，倒不如說是採取找出平衡點盡量遇到好對象的策略，這或許比較接近實際的情況。

COLUMN　　　**少即是多？ 人生不要比較會更好？**

雖然分析就是比較，但人類是一種不僅止於分析，凡事都要比較才肯罷休的動物。比方說，就連自己是否感到幸福，也往往會忍不住要跟別人比較。

有一則好玩的研究是跟比較與幸福感有關。

大家覺得奧運獎牌得主當中，拿到銀牌還是銅牌才幸福？ 客觀來說應該是獎牌名次高的銀牌得獎者會比較幸福，實際上卻不然。

康乃爾大學（Cornell University）的維多利亞‧梅德維克（Victoria Medvec）教授等人，曾經試著比較 1992 年巴塞隆納奧運的銀牌和銅牌得主（注八）。研究方法是由（對運動沒興趣的）大學生從競賽後不久和頒獎典禮影片的情況，以 10 個等級估算得獎者的名次多高才幸福。

結果發現，以 10 個等級（1 表示苦悶，10 表示高興，數字愈大表示愈幸福）評分法算起，競賽後不久的銅牌得獎者為 7.1，銀牌得獎者則為 4.8。而頒獎典禮上的銅牌得獎者為 5.7，銀牌得獎者則為 4.3，銅牌得獎者的幸福感比銀牌得獎者還要高。

會出現這種現象的原因在於比較對象的不同。也就是說，銅牌得主是跟沒拿到獎牌的人（或是也許拿不到獎的自己）比較，感到慶幸。反觀銀牌得獎者則是跟金牌得主（或是差一步也許就能奪金的自己）比較，所以無法充分感受銀牌的喜悅。

雖然分析就是比較，不過為了幸福著想，或許人生不要比較會更好。

注八：V. H. Medvec et al.（1995）"When Less is More: Counterfactual Thinking and Satisfaction among Olympic Medalists,"*Journal of Personality and Social Psychology* 69: 603+610.

3　要拿什麼跟什麼比較？

我們已經看到分析的本質在於比較。確實「分析是比較」沒錯，但不代表每件事都該比較。要拿什麼跟什麼比較，其實是相當重要的。

■■ 3-1　什麼是適當的比較？

【圖表 1-8】是美國某家顧問公司網站上的圖表，以及根據這張圖表透露的訊息。「本公司客戶的股價提升到市場平均的 3 倍。提升客戶的企業價值（≒股價）是我們的工作」(注九)。

企業是誰的？企業價值是什麼？雖然觀點眾說紛紜，不過這裏則要以非常金融的角度，簡單設想股價的水準就代表企業的價值。標準普爾 500 指數（S&P500，Standard & Poor's 500，簡稱標普 500 指數）是美國代表性的股價指數，以日本來說就類似於日經平均指數或東京證券交易所股價指數（TOPIX，Tokyo Stock Price Index）。

從這張圖表的數據（與標準普爾 500 指數相比）來看，似乎表示經過顧問公司華麗的諮商之後，股價就比標準普爾 500 指數上漲至 3 倍（2 倍的差距是拜顧問公司之賜）。假如不見得有那麼好，我們該注意哪一點呢？

首先，這家顧問公司正是要藉由這張圖表，傳達「諮商→從結果來看企業價值（股價）提升」的因果關係。這項因果關係是否能由這張圖表證明，具備足夠的說服力呢？

注九：這項假設性數據是以某家顧問公司的網站為靈感，設想出純屬虛構的顧問公司。標準普爾 500 指數的數據則是實際數據。

【圖表 1-8】本公司客戶股價與標準普爾 500 指數（S&P500）的演進

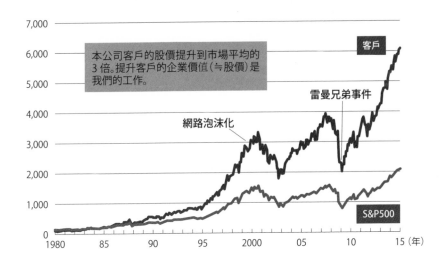

進行專題討論之際，常會有人提出以下疑點：

- 是不是專挑原本股價就上漲的客戶？

  →在此假設市占率沒有那種作假的情況。

- 當作數據的客戶數量是不是原本就很少？

  →的確要是數據太少，就有偏狹之嫌，不過這裏的數量很充
  足。比方說有一百家公司以上。

- 不曉得諮商究竟從什麼時候開始，什麼時候結束。

  →原因和結果之間的時間差距太久，接受度也不大。在此假設
  這段期間一直接受諮商。

- 雖然取平均值，但是否有鶴立雞群的企業股價漲為百倍，哪怕
  只有一家？

  →假如有龐大的異常值（outlier），平均值就不一定適合代表全
  體，落入「平均的陷阱」當中。在此假設沒有龐大的異常值。

- 因果關係可以逆推嗎？難道不是原本成長性就高的企業在諮商嗎？

  →確實單憑圖表不曉得因果關係的趨勢。在此簡單假設挑選客戶的方法並非精挑細選。

- 客戶實例是否過於偏向 IT 企業？網路泡沫化時期股價正在大幅上漲。

這裏我們要特別鎖定最後一點再一起想想看。的確從 1999 年到 2000 年這段時期股價急遽上升，客戶類型或許會偏向 IT 企業。

既然如此，這張圖表有哪裏不對勁？經常得到的答案是「比較對象應該拿 IT 企業的股價指數（假如有的話）為例，而不是囊括各個產業的標準普爾 500 指數」。

那麼，為什麼非得找齊 IT 企業不可？其實能夠馬上清楚回答這個問題的人意外地少。這恐怕是因為平常在推論因果關係之際，許多人會在無意識間找齊比較對象。英文當中常將比較對象是否恰當形容成「蘋果比蘋果」（apples to apples），比較對象失當則形容成「蘋果比橘子」（apples to oranges）。

雖然這裏想要比較「（原因）諮商的有無→（結果）企業價值不同」，推估諮商和企業價值的因果關係，但若這時諮商有無以外的條件沒有盡量找齊，就不曉得是諮商對提升企業價值發揮功效，還是除此之外的相異條件（比方像行業的不同等等）在作用。

大家或許認為找齊恰當的比較對象很簡單，照理說不會出錯，但這卻出乎意料地困難。

接下來要看看幾個實際的例子，麻煩大家一起思考哪裏不對勁。

■■ 3-2　挑戰者號太空梭事故

1986 年 1 月 28 日，從甘迺迪太空中心（Kennedy Space Center）發射的美國太空梭挑戰者號，從發射升空起 73 秒後就爆炸四散，7 名乘組員罹難。7 名組員中包括高中女教師克里斯塔‧麥考利夫（Christa McAuliffe）女士。原本她計畫從太空進行教學，卻在全美許多觀眾包含孩童在內的發射升空直播面前發生重大意外，對全美帶來極大的影響。

當時的總統雷根（Ronald Reagan，原定的國情咨文演講中止，事故當晚向全美發表緊急演說。

爾後，總統底下就設置特別委員會進行調查，釐清這起事故的原因，是用在火箭接合處的橡膠製零件 O 形環出了狀況所致。然而，O 形環並非這次發射升空之後才出狀況，其實從以前發射升空時就有毛病了。只不過先前至少沒造成重大事故，直到 1 月 28 日那天。

現在將時間回到 1 月 27 日，也就是出意外的前一天。當時美國太空總署（NASA，National Aeronautics and Space Administration）的工程師和設計 O 形環的賽奧科公司（Thiokol）工程師，再三研議隔天 1 月 28 日是否該發射升空。他們預測 28 日發射升空時氣溫極低（2℃左右），需要弄清楚氣溫是否真的跟 O 形環出狀況有關。

工程師眼中所見發射升空時出狀況的氣溫和出狀況的關係，就如【圖表 1-9】所示。

大家從這張圖表當中看出氣溫跟 O 形環出狀況有什麼關係嗎？

Y 軸是出狀況的數量，乍看之下，氣溫和出狀況的關係也可看成是 U 字

【圖表1-9】太空梭零件O形環發生問題時出狀況的數量與氣溫的關係是?

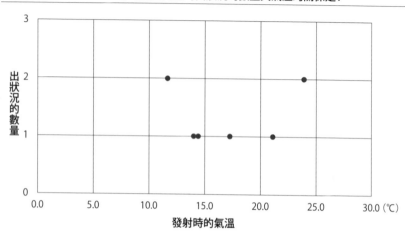

（出處）作者根據 M. Lichman（2013）UCI Machine Learning Repository. Irvine, CA: University of California, School of Information and Computer Science 製作而成。

型關係。只不過，若從是否發生問題的觀點思考，就會看出 12℃到 24℃的範圍內，無論在什麼氣溫下，O形環都會發生問題，氣溫和出狀況之間沒有關係。正是因為工程師最後的判斷，所以才會依照這項判斷，實際將挑戰者號發射升空。

其實從「比較」的觀點來看，剛開始那張圖有個致命的錯誤。

關鍵在於是否出問題的結果有所不同。因此，假如真的必須要比較，就該比較出狀況和沒出狀況時的差異。儘管如此，圖表中卻只標示發生問題時的數據，完全沒有安插沒出狀況時的發射升空資訊。

【圖表 1-10】是將整體數據畫成圖表，包含沒發生問題時的發射升空在內。從圖表中可知:

・高於 18℃的範圍中，發射 14 次就有 2 次出狀況。發生的比率為大約 14%。

【圖表 1-10】太空梭零件 O 形環出狀況的數量與氣溫的關係是？（所有例子）

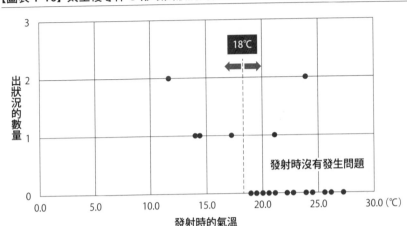

（出處）作者根據 M. Lichman（2013）UCI Machine Learning Repository. Irvine, CA: University of California, School of Information and Computer Science 製作而成。

・低於 18℃的範圍中，發射總共 4 次就全部出狀況。發生比率為 100%。

因此可以料想得到，預估為 2.2℃要發射升空的預定日，將會有相當高的機率發生問題。從這個分析來看，挑戰者號的發射升空日應該要延期。

分析的概念在於簡單的「比較」。然而，就連美國太空總署老練的工程師，進行分析時都弄錯比較對象。拿什麼跟什麼比較，正確的比較在分析中是必要的。

■■ 3-3 轟炸機要如何強化？（注十）

第二次世界大戰當中，就讀美國哥倫比亞大學（Columbia University）的統計學家亞伯拉罕・沃爾德（Abraham Wald），曾分析

【圖表 1-11】 轟炸機中彈狀況比較

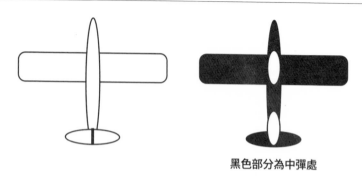

黑色部分為中彈處

該怎麼做才能提升美軍轟炸機的生存能力。為了提升轟炸機的防彈能力，轟炸機哪個部位要用裝甲強化更是重大的問題。顯然，只要整架轟炸機貼上裝甲，防彈性能就會上升，但是轟炸機就會變重，所以只能挑選要用裝甲強化的部位。問題在於究竟該在轟炸機的哪個地方用裝甲強化。

調查轟炸後回到基地的轟炸機中彈狀況之後，就發現中彈的部位和沒中彈的部位如【圖表 1-11】所示。

分析就是比較。

那麼，比較中彈的部位和沒中彈的部位之後，該強化那一邊呢？常理來想會認為中彈愈多的地方就愈得要用裝甲強化防彈。當時，同盟軍也覺得該用裝甲強化激烈中彈的地方。

相形之下，沃爾德反而主張應該強化沒有中彈的部位。

其實，這時必須比較的不是回得來的轟炸機中彈的情況，而是回

注十：比方像是 "SciTech Tuesday: Abraham Wald, Seeing the Unseen"（http://www.nww2m.com/2012/11/scitech-tuesday-abraham-wald-seeing-the-unseen/）。

得來的轟炸機和回不來的轟炸機有什麼差異。當然，回不來的轟炸機不在眼前，只能以此為前提做推論。可以想像得到，敵機和來自地面的對空砲火，原本就會讓轟炸機均勻中彈到某種程度。儘管如此，回來的轟炸機中彈的狀況卻參差不齊，為什麼？從這個現象可以推論，回來的轟炸機沒中彈的地方是中彈轟炸機的致命傷，中了就回不來基地。

由此可知，導致墜機的致命處反而是沒有中彈的部位，沒中彈的地方才必須用裝甲強化。這也顯示出恰當比較結果的不同（平安返航 vs. 遭到擊落）是很重要的。

就如轟炸機的情況一樣，單憑生存案例推論時無法恰當比較，因此結論會產生偏誤（bias）。這其實是相當常犯的錯誤，所以就取名叫做倖存者偏誤（survivorship bias）。

本來，為了要認清什麼東西有助於生存，就必須比較生存時和沒生存時的案例。不過，人類在思考原因時往往只會關注眼前生存的案例上。

其實商管領域是倖存者偏誤極為容易發生作用的地方。

走一趟書店，就會看到商業書區陳列著很多書籍。假如硬要大膽歸納這些書，就會發現陳列在書店中的商管書，恐怕多半是以下二種書籍：

①根據成功經營者的經驗和案例描述而成的書。
②根據成功企業的案例描述而成的書。

以上二種書的基本結構相同，都是從成功案例的共通原因描述成功原因。假如實例有一個以上會更好，但實際上獨白類的書籍也很

常見。

　　比方說，我是書籍①的工作人員，為了寫書而訪問 50 位成功的經營者，結果發現「所有人都一定會吃早餐」。

　　我根據這項分析，想在推出的書籍中傳達這項訊息：「要做個成功的經營者就必須吃早餐。」大家到底會不會在書店拿起這本書呢？恐怕一定是覺得哪裏怪怪的吧。我的書有什麼不對勁呢？

　　其實一定會吃早餐的人當中，應該也有很多失敗的經營者才是。

　　照理說成功的經營者和企業要跟失敗的經營者和企業比較，從差異中方能看出真正的成功原因。因此，單純撰寫成功經營者和企業的書籍，或許正是落入了前面提到的倖存者偏誤陷阱當中。

　　那為什麼許多商管書可能會陷入倖存者偏誤呢？一個可以舉出的理由是成功經營者和企業的資訊容易取得，反觀失敗經營者和企業的資訊則難以取得。成功的經營者會告訴我們很多事情，失敗的經營者則守口如瓶。另外企業要是遇到重大失敗就會破產，說不定連企業本身都早已煙消雲散。

　　無論如何，我們無法否定許多商管書有可能沒有做恰當的比較，陷入倖存者偏誤當中。既然沒有恰當的比較，書上的結論也許就不該當成案例實證的結果，而是要徹底當成假設層次的內容。

　　要看穿內容的真偽，就要靠大家自己了。

■ ■ 3-4　商務當中的實驗與 A/B 測試（A/B testing）

　　尋找和比較因果關係之際，除了原因和想得到的因素之外，最好要找齊條件，或是逆向操作，除了關心的因素之外統統隨機分組，將差異平均化後再比較（這是醫療領域當中經常使用的方法，稱為隨機對照試驗〔RCT，Randomized Controlled Trial〕）。

　　隨機對照試驗是主要用在醫療領域的比較方法。比方說，假如要知道新藥的功效，就要將受驗者分成二組，一組隨機投以新藥，另一組則投以俗稱的「安慰劑」而不是新藥，比較和查明新藥的效果。

　　實際上受驗者的年齡、生活環境和其他特質不盡相同。然而為數眾多的受驗者，被分為隨機試驗新藥的小組和試驗安慰劑的小組，對其他可能影響結果的因素都盡量平均分配，這樣做就可以忽略這些影響因素了。隨機對照試驗或許稱得上是比較的終極型態之一。

　　醫療領域姑且不論，以往人們認為這種實驗式的比較難以落實在商務領域當中。因為單是確保充裕到足以比較的數據量就很困難。然而一旦到了網路的世界，以 A/B 測試的型態廣泛運用之後，狀況就大為改變。

　　A/B 測試是要實驗新措施是否實際影響結果的途徑。比方說，讓實際在網路上訪問網站的人隨機看兩種網站款式，就跟前面的新藥測試一樣，比較兩者有什麼程度的效果。

　　A/B 測試的例子，可以看看 2012 年美國總統選舉中歐巴馬（Barack Obama）陣營運用的分析。歐巴馬陣營繼 2008 年的總統選舉之後，又在 2012 年的總統選舉上運用 A/B 測試，籌畫爭取捐款[注十一]。

　　【圖表 1-12】的照片是手機版網站，當初是在網站該盡量簡單的假說之下，就如左邊所示，拿掉歐巴馬總統的照片。不過在 A/B 測試下，跟放了歐巴馬夫婦照片的網站比較之後，就發現有照片的網站多了 6.9% 左右的捐款。

　　歐巴馬陣營在 2012 年的選戰當中像這樣實施 500 次 A/B 測試，

注十一："Kyle Rush on Surprising Results, His Major, and the Future," Optimizely Blog.

【圖表 1-12】美國總統選舉手機版網站的 A/B 測試

（出處）http://kylerush.net

計畫要做出最適宜的網站。

　　另外，據說高級餐廳菜單的價錢省略美元的符號（$）之後，就有更多顧客點菜。歐巴馬陣營從中獲得啟發，冒出一個假說。那就是從捐款金額上拿掉 $ 之後，捐款就會增加。儘管實際在捐款金額上加了 $ 和沒有加 $，但在進行 A/B 測試之後，結果並沒有出現差異。

　　從以上可以看出，分析的本質是要解釋因果關係，運用比較以便在行動時拿出成果。

　　那麼，該怎麼實際分析呢？既然「分析就是比較」，那只要每件事都逐一比較就好了嗎？這樣子有多少時間都不夠。商務上能花費在分析上的時間有限，需要進行有效率的分析。該怎麼做才能高效分析呢？

　　其實，高效分析需要獨特的動腦法，遵循思考步驟（假說思考）。

【圖表 1-13】分析＝假說思考 X 比較

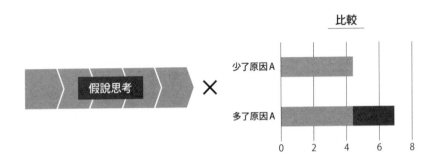

實際著手分析之前，要事先設想欲透過分析解釋什麼，該說什麼才好，而不是沒頭沒腦地分析。就如【圖表 1-13】所示，可以簡單理解為「分析＝假說思考 × 比較」。

下一章我們要一起看看假說思考這個動腦分析的方法。還有，接下來的第三章起，要進一步思考用分析來比較之際該注意的比較觀點，以及實際的比較方法。

章末問題

1 現在你實際看到一則金融機關的廣告。內容有一條訊息如下：

「請你給我們 3 分鐘的時間。只要 3 分鐘，85.1％的人（※）會發現資產運用的必要性。」

從分析的觀點來看，這項訊息當中有幾個重點，請問在哪裏呢？

※ 該公司以全國 20 至 59 歲的 1000 名男女為對象，實施的「3 分鐘看得完的年終獎金運用手冊」網路調查當中，提問「（閱讀 3 分鐘看得完的年終獎金運用手冊之後，）你覺得資產運用必要到什麼程度？」結果回答「覺得必要」和「稍微覺得必要」的人總共有 851 名，這代表佔調查對象人數一千名的比率為 85.1％。

2 這也是一則廣告。刊登的圖表似乎在透露「過了 20 歲之後，輔酶 Q10 就會不夠」。假如內容當中有重點，那會是什麼呢？

3 小學改採小班制是文部科學省正在研議的重點（2015 年）。小學平均每班孩童數的平均值，日本為 28.0 人，經濟合作暨發展組織（OECD，Organization for Economic Cooperation and Development）調查到的平均值則為 21.6 人，看來日本小學每班的孩童數比較多。的確，小學一班孩童數量少的時候，老師的教育指導也能比較周到。

輔酶 Q10 過了 20 歲之後就會不夠！

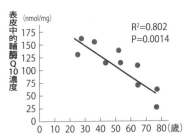

R²=0.802
P=0.0014

（出處）Hoppe U. et al. (1999) "Coenzyme Q10, A Cutaneous Antioxidant and Energizer," *Biofactor* 9（2-4）: 371-378.

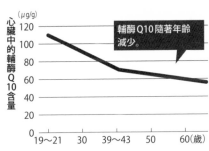

輔酶 Q10 隨著年齡減少。

（出處）International CoQ10 Association.

　　班級規模小真的可以提升孩子的成績嗎？假如能夠做實驗實際改變班級規模就好了，但考量到公平性，社會性實驗似乎是窒礙難行。該怎麼做才可以驗證班級的規模（人數）是否會影響成績？煩請務必談談你的點子。

第 **2** 章

分析與假說思考

第一章看到的重點是分析原本的目標為何,以及什麼是分析。為了在商務上拿出想要的結果,就需要搭配方法高效釐清結果和因果關係。分析的目標是要有效率地解釋因果關係。另外,分析的本質就是「(分別)比較」。

從了解分析的目標和本質來看,實際上該以什麼步驟分析呢?就如同烹調的步驟是為了活用食材做出美味菜餚一樣,要做出優質的決策,其實也需要思考的步驟。

相信大家在工作時多半會思考各個層面。不過,「思考」這個行為本身往往是在無意識間進行的吧?只要各位用運動來想像就能輕鬆明白,就算在無意識間去做也難以進步。要學會分析所需的思考方法,關鍵就在於意識到如何思考的步驟。

第二章將會說明優質分析所需的「思考方法」步驟。

1 ┃ 什麼是假說？

■■ 1-1　診斷你的假說能力

如果上司拜託你在下星期的業務會議之前「歸納業務能力方面的提案」。遺憾的是，公司這一期的業務績效持續低於計畫目標，急切需要採取某些改善措施。你接下來必須準備報告。

各位的狀況大概是以下 3 個等級中的哪一級呢？

・別說是目次（按：大綱、架構），就連要寫什麼都完全想不出來的等級（假說 3 級）。

```
★業務能力強化報告書
 唔, 該怎麼辦呢？
```

・雖然設法想出目次，卻想像不出該寫什麼的等級（假說 2 級）。

```
★業務能力強化報告書
 1. 強化業務能力的必要性
 2. 現在的課題
 3. 課題所在
 4. 課題起因
 5. 提出解決對策
```

・能夠想像出目次，以及對應目次的故事發展的等級（假說1級）。

★**業務能力強化報告書**

1. 強化業務能力的必要性　→必須達成目標。
2. 現在的課題　　　　　　→這樣下去將會達不到目標。
3. 課題所在　　　　　　　→業務績效是否兩極化？
4. 課題起因　　　　　　　→業績和拜訪顧客的次數是否成正比？原因
　　　　　　　　　　　　　　在於拜訪次數不夠。
5. 提出解決對策　　　　　→應該廢除每天寫報告和其他浪費時間的程
　　　　　　　　　　　　　　序，增加經營業務的時間。

　　假說 3 級說來遺憾，就連到底該構思什麼都不知道，完全沒有行動，只能求助前輩和上司。假說 2 級比 3 級好的地方是懂得該構思什麼，但再這樣下去，無論過多久都不知道要寫什麼具體的內容，只能永無止境地先蒐集業務數據再說，嘴上碎碎唸還要不斷多方摸索做分析。頂多在業務會議之前被上司批評沒準備好資料，大發雷霆道：「為什麼不早點來跟我商量！」就算想要跟別人一起分擔工作，這下也無從分擔。

　　反觀一級又是怎麼樣呢？比方說，假如能夠意識到你平常周遭的問題（長紅的業務和低迷的業務有什麼不同），據此想像目次和故事的發展，後面的工作就會變得輕鬆。這時只需實際蒐集故事發展所需的數據（比方說拜訪次數和成交件數的關係等等）和資訊再製作圖表，彙整成 PowerPoint 的簡報圖。

　　另外，要是團隊可以幫忙制作報告，就分割故事由眾人分擔，這樣也會變得很輕鬆。不用說，工作應該會有很大的進展。另外，事先想好故事之後，就算蒐集數據到最後和故事不合，也能思考為什麼跟原本的假說不同，進而構思新故事。

依照自己所知的片段資訊和經驗，針對假說 3 級的目次（其實是提問）建立暫時的答案（故事）正是「假說」，而將假說組合起來就是在「建構假說」。

假說＝（針對提問）暫時的答案／故事

假說聽起來或許很難。請各位務必觀察周圍有工作幹練之稱的人，他們在工作之前應該或多或少都事先擁有自己的故事，也就是「假說」，懷著想法在工作，而不是單純摸索。

接下來要跟大家一起思考，擁有假說再工作究竟會有什麼樣的優點，該以什麼流程做工作，商務上「可行」的假說是什麼，以及該怎麼樣才可以擁有「可行」的假說。

■■ 1-2　假說思考的優點

這裏將擁有假說的思考和工作簡稱為「假說思考」。那麼，進行假說思考擁有假說，從假說逆推再工作之後，會有什麼好處呢？

優點可歸納為以下三項：

假說思考工作的優點＝速度↑ × 精確度（品質）↑ × 進步速度↑

我們就想想看有了假說再工作跟沒有半點假說就工作的情況吧。沒有假說就工作，換句話說就是漫無計畫地工作。假如時間是無限的，這個方法或許總有一天能夠抵達答案。然而，商務上常常要求要在有限的時間內拿出成果。有了假說再工作的優點，就是無須在摸索下進行多餘的步驟，因此在工作時能夠既迅速又專心，精確度也高。

　　談到假說思考的話題時，一定會有人問：「有了假說之後不就等於有了結論硬著頭皮去做嗎？」「這樣不是先射箭後畫靶嗎？」

　　假說就是不知道是否正確的「假設的說法」，透過分析數據，嘗試著驗證，往往會發現假說是錯的。假如無視數據貿然急進，就會變成硬要先射箭後畫靶，必須要避免這一點。

　　其實有了假說再工作和沒有假說時會出現的差異正是在「假說偏離」的時侯。沒有假說就工作時，就會全盤接受眼前的現實，同意「什麼嘛，原來是這樣啊」，沒有問聲「為什麼」就了事。

　　有了假說之後，遇到結果違反己意跟假說相異時，就算別人沒說，自己也不可能不問自己「為什麼」，反省假說哪裏錯了。照理說之所以與假說不合，就是因為其中潛藏著自己沒設想到的「某種要素」。

　　比方說，假如開頭強化業務能力的案例當中，看不出業務負責人拜訪顧客的次數和成交數有什麼關聯，跟假說不同時，就代表業務績效真的似乎不是單純取決於業務的活動量和拜訪次數，必須再次建構假說。

　　能幹的業務負責人會思考有沒有其他可能性再重新出發，假如試著具體回想和比較這種人和一般業務負責人的行動，就可以猜想到業務負責人確實擁有明確的故事，曉得客戶就是基於這樣的理由購買自家公司的商品。業務績效的區別並非工作量，而是有沒有針對客戶描繪明確的購買故事。

　　要是想到這種假說就太好了。你對工作的假說建構能力會明顯「進步」。像這樣每天有了假說再工作，每天持之以恆，一年後會為你的工作精確度和品質帶來什麼樣的變化，答案不言自明。

　　若以別的說法形容，就是你以假說為起點工作後，就會從偏離假

說的經驗中「學到東西」。下次思考時會不會受影響，是否會進步，將會因為有沒有假說而形成莫大的差異。假如沒有假說，恐怕下次工作時還是老樣子。

是否「學到東西」將會影響下一次遇到同樣的局面時，行動會不會有所變化。能不能採取更好的行動，分水嶺就在於有沒有從經驗中學習。你未來的行動是否會改變，就取決於是不是有了假說再工作。

2 | 假說思考的工作進行方式

■■ 2-1 假說思考的步驟

假說思考該採取的步驟就如【圖表 2-1】所示。實際上並非轉一圈就結束，而是要麻煩各位視為以螺旋狀行進。剛開始想到的早期假說層次要用數據和事實補強，同時採取行動孕育更為確實的假說。

步驟 0：明確目的（爭議、提問）。
步驟 1：針對目的（提問）建立假說（故事）。
步驟 2：實際蒐集數據。
步驟 3：透過分析驗證和確定是否合乎假說。

這些步驟當中，特別重要的是剛開始的二個步驟：「明確目的（提問）」和「建立假說」。其中明確最初目的（提問）的方法，敬請務必

【圖表 2-1】假說思考的步驟

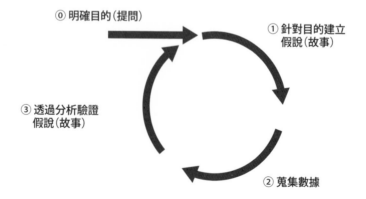

參照後述〈2-4 提問的模式〉一節。

路易斯・卡羅（Lewis Carroll）的《愛麗絲夢遊仙境》(*Alice's Adventures in Wonderland*) 就以象徵的手法，透過貓咪之口告訴愛麗絲目標的重要性[注一]：

「請你告訴我，接下來該往哪裏走？」

「這很大一部分要看妳想去哪。」貓咪說。

「去哪裏都可以吧？」愛麗絲說。

「那妳走哪條路都沒關係。」貓咪說。

「但是我想走到一個地方。」愛麗絲補充說明道。

「喔，只要多走點路，妳往哪兒走都準沒錯。」

雖然我們不是貓咪，但只要大量分析，就會冒出許多成果。然而，商務當中稀有度最高的資源就是時間。要高效分析不浪費時間，就需要明訂目標，也就是「想要去哪裏」。

剛開始建立假說時，有時也會事先蒐集資訊化為假說的題材，不過剛開始要特別把這個部分的意識降到最低，以跳過也無妨的心情，嘗試先根據自己已經知道的事情，依照經驗來思考。

尤其是沒數據就什麼也想不出來的「數據依賴症」，更是絕對該避免。身處在資訊過多的時代，要持續在沒有數據和資訊的情況下思考其實非常吃不消。不過，這時能不能堅持先想假說將會左右思考的品質。我們要嘗試就算沒有資訊也要發揮想像力構思，而不是沒有資訊就無法思考。

注一：路易斯・卡羅著，山形浩生譯《愛麗絲夢遊仙境》(http://www.genpaku.org/alice01/alice01j.html)

■■ 2-2 　顧問的假說思考

以假說思考為基礎的工作作風，可以參考集結「思考專家」的企管諮商工作是怎麼進行的。假說思考的終極型態之一就在這裏。

雖然客戶（委託方）在諮商時要解決的課題，有時也在自己的經驗範圍之內，但其實也有很多企業專案，是自己沒有經驗和知識的行業，或是對當地風土民情不了解的情況也必須去做。這時為了建立早期假說，就要在剛開始幾天至一星期左右急速吸收該業界，也就是委託方企業的相關知識。上網搜尋、各種調查和業界雜誌就不用說了，還要聯絡顧問公司內的業界經驗人士，或是委託方企業的退休人員，掌握業界的結構和委託方企業面臨的問題。

還有，實際啟動專案後要依照正式獲得的資訊，趁著極為早期的階段（幾星期左右）提出假說應有的答案，以構思最終報告時用的 PowerPoint 編纂假說的故事。顧問公司稱之為連環畫劇（按：日文漢字寫為「紙芝居」，一邊手動更換一張張圖畫，一邊唱作俱佳看圖說故事）、空白簡報（ghost deck）、故事板（storyboard）或其他名稱，要設想最終報告的報告資料，就如【圖表 2-2】所示，將標題和訊息當成假說寫進 PowerPoint 的投影片當中，要支持這段訊息需要什麼樣的圖表和訪談結果，組織內容時跟當下能否取得實際數據無關。要全力發揮「想像力」，事先制作報告資料的連環畫劇。

制作完假說該有的最終報告資料後，這份資料就要以「驗證」的形式分擔，實際蒐集數據，制作「驗證假說」型的資料。要說出從假說觀點想要透露的結論，就要在工作時以所需的根據（這也是假說）為起點，或許也可以稱為「逆推思考」。

年輕顧問能在短時間內發展建構假說的能力，正是因為不斷迅速實踐假說思考和驗證假說的流程。

【圖表 2-2】故事板的示意圖

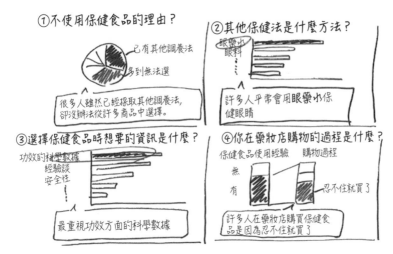

①不使用保健食品的理由？
已有其他調養法
多到無法選
很多人雖然已經採取其他調養法，卻沒辦法從許多商品中選擇。

②其他保健法是什麼方法？
眼藥水
眼科
許多人平常會用眼藥水保健眼睛

③選擇保健食品時想要的資訊是什麼？
功效的科學數據
經驗談
安全性
最重視功效方面的科學數據

④你在藥妝店購物的過程是什麼？
保健食品使用經驗　購物過程
無
有
忍不住就買了
許多人在藥妝店購買保健食品是因為忍不住就買了

與其在電腦上繪製圖表，還不如由專案成員一起使用白板繪製，或是由個人手繪在報告用紙上。

　　將假說思考清楚安插在業務以創造高業績的例子，也存在於各位的身邊。大家經常利用的 7-ELEVEn，上至店長下至打工人員，總公司都要求他們訂購商品時要做假說思考。也就是說，除了販賣績效和其他客觀數據之外，還要根據搶先資訊（活動的有無、天後、氣溫等等）推測尚未顯露的顧客潛在需求，編纂屬於自己的故事：「搞不好顧客會因為這種理由想要這種商品，這個商品應該賣得掉」，接著再訂購商品。另外販售後還要依照銷售時點情報系統（POS，Point Of Sale）的數據，觀察哪個商品在哪個時段賣了多少，驗證之前建立的假說故事（請參考【圖表 2-3】）。

　　每天反覆進行假說思考和驗證假說，訂購商品的精確度就會提高。因為 7-ELEVEn 認為訂貨精確度是身為賣方最重要的業務之一。跟美國以沃爾瑪（Walmart）為代表的大規模零售連鎖店用演算法推

【圖表 2-3】超商訂購飯糰的故事範例

目的 (提問)	・星期天早上該訂多少個什麼樣的飯糰？
假說 (故事)	・顧客大多數是平常打少棒的小學生和同行的父母。 ・天氣預報說明天會變得遠比今天還要悶熱。 　→孩子喜歡的鮪魚美乃滋，以及酥脆的手捲飯糰要多訂一點。另外 　　要在銷售處準備手工POP廣告。
蒐集數據	・用肉眼檢視POS數據與實際的販賣狀況。
驗證	・假如賣不掉(跟假說不同)是為什麼？ 　要重新衡量以作為下次訂貨的參考。

動自動訂貨系統化相比，處理方式簡直是南轅北轍。

　　實際上，許多超商外觀看起來幾乎一樣。然而，其中以間數最多著稱的 7-ELEVEn，為什麼能夠維持比其他連鎖店高出約十萬日圓的平均每日銷售額，支持其業績的組織能力之一據說就是假說思考。

　　另外，最近在創業的領域當中，假說思考的方法則以艾瑞克・萊斯（Eric Ries）提倡的精實創業（lean startup）形式受到矚目。精實創業強調並非花費龐大的時間和精力在事前的計畫和顧客調查上，而是小幅發展事業的假說，透過跟顧客的交互影響驗證假說加以學習，分批改善事業，這也正是在極短的時間內不斷環繞假說思考的循環。

　　也許到了最後，從單單一次工作來看，無論是有了假說再工作，或是沒有就工作，都不會出現很大的差別。然而，從企管顧問和 7-ELEVEn 的例子也可以知道，能不能出現差異，絕對牽涉到是否能反覆執行這項流程。

■■ 2-3　什麼是「可行」的假說？

　　再問一次，各位在商務上必須思考的「假說」是什麼呢？平常商務上大家常被問到的事情是什麼呢？許多情況下，為了拿出別人要求的成果，該採取什麼行動？既然如此，假說就必須是影響行動的事物，這代表商務上「可行」的假說會成為最關鍵的要件。

「可行」的假說＝影響行動的事物

　　比方說，就算看到擴散的雲朵佈滿天空，覺得「天空烏雲密佈」，也只是替現狀實況轉播，完全湧現不出行動的輪廓。然而，要是看到同樣的天空，想出這條假說：「天空烏雲密佈，接下來似乎會下雨。」就會影響接下來的行動：「那我要帶傘去公司，還要在出門前把陽台的衣服收進來。」

　　開頭強化業務能力的案例也一樣，假如只有「業務績效是否兩極化」的現況假說，就算企圖用數據驗證，也不會影響行動。這時要進一步捫心自問 So what?（那又怎樣？），聯想到原因的假說上：「做不到的人有沒有必要提升素質？→做不到的人將時間花在內勤上，沒辦法訪問顧客吧？」這樣才會看出什麼行動可以當作解決方案：「既然如此，是否該減少時間的浪費，增加訪問的次數？」

　　不斷針對想出來的假說詢問「So what?（那又怎樣？）」，將會突顯假說是否能影響具體行動。

　　「影響行動」的全貌究竟是什麼呢？假說當中需要什麼樣的條件才足以「影響行動」呢？

　　影響行動換個方式來說，就是倚靠假說產生行動，獲得想要的結果作為總結。要透過行動（手段、原因）改變某些事情（目標、結果），

兩者之間就必須有因果關係。

　　也就是說，就是曉得「可行」的假說，「影響行動」的假說，必須是跟因果關係（原因、方法→目標、結果）有關的訊息。「可行」的假說多半牽涉到因果關係本身，「做了這件事就會變這樣（Why?）」，或是以「80/20 法則」（80/20 Rule）^(注二)為代表的「鎖定這裏之後就能高效拿出成果（Where?）」，透過上述假說，就能確實高效建立因果關係。

「可行」的假說＝回答牽涉到因果關係的提問

　　商務當中意識到「可行」的假說是什麼，呈現假說，也會大幅影響建構假說後續的分析品質。首先在建立假說之際，要意識到因果關係（也就是需要原因和結果這些要素），嘗試這樣簡單思考。

■■ 2-4　提問的模式

　　假說是針對「問題」暫時的答案，是故事，這個道理我們之前已經一起看過了。

假說＝（針對問題）暫時的答案／故事

注二：19 世紀義大利經濟學家維弗雷多・帕雷托（Vilfredo Pareto）發現義大利
　　　80%的土地由 20%的人口所擁有。這項帕雷托法則（Pareto principle）
　　　又稱為「80/20 法則」，指的是「結果約佔各種現象當中的 80%，產出則
　　　是從投入的 20%原因產生出來」。當然，80%和 20%的偏頗比率本身是
　　　一種象徵，但一言以蔽之，這正代表了「世間偏頗不公」。

　　這裏要再稍微看一下具體來說要回答什麼樣的「問題」。懂得常用的提問模式之後，就可以用在實際建立假說時的線索上。針對提問暫時的答案正是假說。

　　其實值得慶幸的是，牽涉到因果關係的「提問」，先人已經歸納出常用的模式（稱為解決問題的框架）。不曉得該從哪裏思考時，請務必試用這個提問模式。雖然提問會變成連串的形式，卻不一定需要成套使用，配合各位面對的狀況零散使用可行的框架也沒關係。

　　首先，要畫分出將問題本身明確化的提問（What?），以及解決問題的提問（Where? Why? How?）。前者是要探討問題（爭議）是什麼，該解決什麼事情，後者則是為了具體解決已經釐清的問題（請參考【圖表 2-4】）。

　　問題這個詞平常以社會問題為代表，整體來說多半用在「苦惱之事」這種負面的意義上。這裏則要如第一章所言，將意義變得更廣泛，把理想狀態和現況的差距當成有「問題」的狀態，再填補其中的差距，將實現理想狀態視為「解決問題」。

　　像這樣將問題明確定義，就能把商務上的策略、經營計畫，以及其他各位著手的大部分事務視為某種「問題」。因為將理想樣貌當成「目標」之後，每天邁向目標掀起行動的絕大多數商務情況都可以換成問題一詞。

　　比方說，你負責的商品必須在下個年度增加 20% 的銷售額。理想狀態是「銷售額增加 20%」，現況是「現在銷售額的狀態」。該怎麼消除差距，該怎麼做才可以讓現在的銷售額增加 20%，就成了這時要解決的問題。為了讓銷售額成長 20%，你一定會改變商品的包裝，對促銷的方法下工夫，說不定還會再重新衡量價格本身。以這種方式看事情之後，每天各位在做的大多數工作就真的可以視為在解決問題。

【圖表 2-4】解決問題的框架

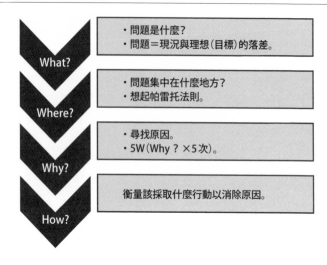

另一個提問模式 PICO

關於解決問題的框架方面,前面已經介紹過「What → Where → Why → How」的框架。除此之外,還要特別介紹另一個框架,當意識到跟 Why 有關的分析時即可派上用場。照理說注意到因果關係,衡量該怎麼分析假說之際,將表達原有假說的方式定型化也會讓人有所啟發。

醫療的領域當中經常使用「實證醫學」(EBM,Evidence-Based Medicine)這個詞,指的是援引經過實證有所根據的資訊和知識,對眼前的患者進行治療,而不是仰賴經驗或預感。實證醫學當中所用的提問模式為 PICO(或 PECO)。這種定型化的方法在醫療領域當中創下了實際績效,我們也要試著用在商業的情況上。

P（問題 Problem）：對象是什麼，是誰？（以醫療的情況來說就
　　　　　　　　　　是患者〔patient〕）
I（原因 Intervention）：做了什麼引發結果？（有時也會用
　　　　　　　　　　Exposure 的 E 代替 I）
C（比較 Comparison）：跟什麼相比？
O（結果 Outcome）：結果怎麼樣？

以原來的醫療領域為例，就是要用以下的形式表達：

P：讓小學生
I：嚼木糖醇口香糖之後
C：跟單純一般的刷牙相比
O：不容易蛀牙

　　連比較對象都包括在內，表達到這個地步之後，就非常容易想像
之後該用什麼圖表來分析。反之，或許我們也可以說，沒有確實納入
這四個要素的假說就難以分析和表達。

3 建構假說的能力：假說該怎麼產生？

　　那麼，假說該怎麼產生？這個部分正是最多人懷有疑問的地方，實際上，這也是商學院學生最常提出的問題。前面談到的提問模式是因為能產生假說才可行，但是遇到提問時該設想什麼樣的暫定答案呢？

　　就如之前已經看到的，商務當中「可行」的假說多少跟商務上的因果關係和機制有關，能否產生「可行」的假說，牽涉到商務當中的因果關係可以看透和洞察到什麼程度。

　　建構假說的能力，建構假說的推動力來源，可以從「問題意識」和假說的「萃取要素」分別衡量。

建構假說的能力＝問題意識 × 萃取要素

　　建構假說的推動力當中應有對工作的問題意識，還要萃取知識和資訊當作假說的材料，有了這二個條件才可以產生商務當中「可行」的假說。

問題意識

　　用不著多說，每天處理工作時擁有多少目標意識和問題意識（更想這麼做／這樣下去就糟了），就是建構假說的出發點。假如明天的工作跟今天完全相同，這樣或許建構假說本身就毫無用武之地。「想做更好的工作，想要改變未來」，正是因有這種問題意識，建構假說才有意義，還會湧現以下的疑問：「為什麼變成這樣？」更會積極萌

生建立假說的幹勁。

另外，問題意識的有無也會大幅影響接下來要說明的萃取要素。假如各位也有自己關注的興趣和歌手的話題，不經意看到的資訊，也會在無意識間殘留在頭腦當中。有趣的是，只要在工作時具備問題意識，相關的知識和資訊自然會從氾濫的資訊當中，跑進自己的眼睛和耳朵裏，變成假說的材料。

萃取要素：對商業機制的理解

提到假說，或許大家的印象就是聰明絕頂的人絞盡腦汁憑空想出新點子。而長銷書《創意，從無到有》（*A Technique for Producing Ideas*）寫道：「點子除了既有要素的新組合之外，什麼也不是」（An idea is nothing more nor less than a new combination of old elements），我也很喜歡這個定義[注三]。假如現在將點子換成假說，就會變成「假說除了既有要素（知識）的新組合之外，什麼也不是」了吧？

商業原則會成為假說的源頭，原理原則知識跟因果關係有關，要是這些完全沒有萃取出來，想必就無法建立早期假說，就如零有多少倍還是零一樣。極端來說，就算再怎麼學習演繹法和歸納法這些邏輯思考的方法，沒有知識也產生不了假說。能否自行萃取涉和因果關係的要素，能夠把假想的資料庫在自己的腦中擴充到什麼程度，將會在商務當中左右產生「可行」假說的成敗。再者，知識組合的新穎度，組合知識的多樣性和廣泛度非常重要。

假如知識能夠直接應用其原理原則，就有助於建立假說。同時，不符原理原則的「異常值」浮現之後，更會從中產生出以往沒發現的

注三：楊傑美（James Webb Young）《創意，從無到有》繁中版由經濟新潮社出版，2015 年。

嶄新知識。

假說的萃取要素＝知識（從經驗獲得的知識＋學習獲得的知識）＋情報

　　化為假說材料的萃取要素，大致可分為知識和資訊這二種數據來源。關於資訊方面，下一節將會觸及蒐集數據的議題，這裏要說明建構假說時所需的相關商務知識。

　　知識當中最重要的是從工作和自己其他的經驗獲得的知識。每天的經驗會以「這樣做會變成這樣」的知識形式累積下來。經驗是自己體驗的事物，所以在資料庫中銘刻得最深。據說成人的能力開發有七成可以藉由經驗說明，不過萃取的知識多半還是從經驗中得來。

　　反觀從經驗得來的知識則只能學到經驗所及的事物，也就是幅度和深度只限於可以經驗到的事物，難以具備整體感，擁有很大的限制沒辦法結構化。要彌補經驗的不足，就要透過體系化的學習培養知識，像是商業就要到商學院等地上課。

　　什麼知識需要建立體系到什麼地步，這也有賴於各位面臨的「提問」在什麼層次。比方說，假如問「明天訂幾個飯糰？」，前輩就會傳授相關知識，一旦曉得什麼因素似乎會影響訂貨（比方像天候或附近有沒有活動），或許只要想出假說就夠了。然而，若是當上超商的店長，要回答「該怎麼做才能增加利潤？」的提問，則別說是銷售額、費用和其他會計知識，就連增加收入的行銷知識都很需要。當各位的職位升得愈高，愈是必須以更高的立場回答「提問」時，所需的知識幅度和視野也要愈寬廣。

　　目前為止能否針對性質相異的「提問」，馬上建立「假說」呢？這是逐步升職時要面臨的一個重大課題。

演繹法與歸納法

邏輯思考方式可以歸納成二種，那就是演繹法與歸納法。

演繹法是從普遍接受的規則、法則和模式推導出結論。

比方說，商管領域當中通常會知道規模經濟（economies of scale，規模愈大效率愈好）的法則。

日本許多的都市銀行於 2000 年左右合併（按：都市銀行指的是日本境內將總行設在大都市，分行則遍佈全國各地的銀行）。比方說，1996 年三菱銀行（The Bank of Mitsubishi）和東京銀行（The Bank of Tokyo）合併為東京三菱銀行（The Bank of Tokyo-Mitsubishi），2001 年櫻花銀行（The Sakura Bank）和住友銀行（The Sumitomo Bank）合併為三井住友銀行（Sumitomo Mitsui Banking）。另外，2002 年第一勸業銀行（The Dai-Ichi Kangyo Bank）、富士銀行（The Fuji Bank）和日本興業銀行（The Industrial Bank of Japan）合併為瑞穗銀行（Mizuho Bank）；三和銀河（The Sanwa Bank）和東海銀行（The Tokai Bank）合併為日聯銀行（UFJ Bank）（按：2006 年東京三菱銀行與日聯銀行合併為三菱東京日聯銀行〔BTMU，The Bank of Tokyo-Mitsubishi UFJ〕，2018 年 4 月起更名為三菱日聯銀行〔MUFG〕）。

這一連串動向的背景，理由之一就如以下的演繹思考方式。

規則：規模龐大獲利（效率）較高。

〔規模經濟〕

觀察事項：本行相對來說規模較小。

結論：透過合併壯大規模之後，獲利就能更形提升。

像這樣從規則和法則推導結論的方法就叫做演繹法。採用演繹法時，假如當作前提的規則本身正確，結論應該也會正確，稱得上是「長於正確」的思考方式。另一方面，既然只要知道規則就看得出結論，從這層意義上來說也可以當成「缺乏新意」的思考方式。

想要將演繹法運用在商務上，就少不了要具備許多從商務上萃取的規則和法則，透過商學院和商管書等管道學習的目標之一，就是像這樣學習商管領域當中的法則和共通模式（理論、常規）。

而另一邊的歸納法有什麼用處呢？

其實在依循建立假說的目標時，關鍵的思考方式正是歸納法。

比方說，剛才是以規模經濟（規模愈大效率愈好）的法則為前提推導出結論，不過這樣的法則究竟是怎麼推導出來的呢？從實際的例子和觀察事項推導出共同模式和法則的思考方式就是歸納法。

第三章的第五節當中有張散佈圖（scatter plot），表示連鎖超商的規模和獲利關係。

從這張散佈圖可以解讀出什麼樣的法則呢？從數據可以解讀出規模愈大，獲利愈高的法則。然後要以「規模愈大獲利愈高」的模式為這個生意的假說來想一想。像這樣從觀察事項和實例看出共通模式的思考方式就叫做歸納法。

另一方面，除了「枚舉歸納法」（enumerative induction）從實際的例子看出共通模式之外，因為相似所以認為這也是相同模式的「類比」，也是歸納法的思考方式。比方說，學習商管策略時必定會出現的麥可・波特（Michael Porter）「五力」（five forces）結構，原本也是以理論的類比為基礎，說明個體經濟學（microeconomics）的領域當中獨佔企業的利潤，其出發點可以當成歸納法式的思考。

歸納法是從觀察事項看出嶄新的模式和法則（轉變、智慧、理論、常規），這一點堪稱是「長於新意」的思考方式。只不過，前面規模經濟的例子當中，要是發現規模對獲利改變不大的行業（稱為反例），規模經濟就不是任何行業都適用的通用法則，從這層意義上來

説就是「短於正確」的思考方法。什麼情況規模經濟會發揮作用，什麼情況不會，要實際再蒐集數據建立嶄新的法則假説。

下圖嘗試歸納出二種思考方式的關聯。實際的商務當中需要搭配演繹法和歸納法深思熟慮，而非單憑其中一種思考方式就好。

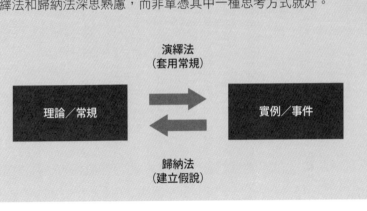

4 ｜ 數據蒐集的觀念

■■ 4-1　數據蒐集的目的

數據蒐集的主要目的有二種：

> ・驗證事先建立的「假說」　→　假說驗證型
> ・一開始就建立「假說」　→　假說探索型

前者的特徵在於依照【圖表 2-1】所描述的流程，逆推所需的資訊再蒐集，以便驗證假說。過去屢次做過同樣的調查，或是遇到類似的情況，擁有事前的經驗和知識時，建立假說就會比較容易。這時該蒐集什麼資訊才可以驗證該假說，也會變得比較淺顯易懂，能夠蒐集到鎖定焦點的數據。

像這樣在蒐集數據時將驗證建立的假說當成目標，我們在此要稱為「假說驗證型」的數據蒐集。比方說，就如【圖表 2-2】介紹的一樣，諮商時往往會在實際蒐集資訊之前，趁著相當早期的階段定好假說，製作故事板，再從產出圖像這個最終成品逆推，著手蒐集和分析數據。這可以說是把「假說驗證型」的方法用在實務上的例子。

相形之下，「假說探索型」的特徵則在於獲取事前知識以想出假說，為了培養一種關於分析對象的「風土民情知識」，往往在蒐集數據時網羅到某種程度。尤其是在沒有經驗的領域中剛開始分析沒多久，說到底連什麼爭議和問題都不曉得，最後往往連建立假說都很困難。

這種情況之下，若想「預估」看似重要的問題和看似有意義的假說，關鍵就在於要先訪談洽詢該領域中有經驗的人和有識之士，取得

所有可以輕鬆迅速弄到手的數據。實際上，這個層次的數據蒐集與其說是「數據蒐集」，或許「用功學習」還比較接近實情。像這樣在蒐集數據時著眼於「一開始就建立假說」之上，就叫做「假說探索型」的數據蒐集。

話雖如此，不過人類動輒認為「沒有數據就無法思考」，將數據蒐集用在於理不通的原因上，漫無目標地蒐集數據。敬請在著手蒐集數據之前，盡量先趁著沒有數據時努力不懈地構思假說（層次在「是這樣嗎」的程度就好）。實際上，假如在看到數據時沒有「是這樣嗎」的假說，就會以「原來如此」為結論，思考往往會停止。要是數據跟「是這樣嗎」的假說不同，就會懷疑「為什麼」，思考就會向前邁進。

要在有限的時間當中高效蒐集數據，關鍵就在於採取假說驗證型的方法蒐集數據。哪怕是一時想起也好，都要具備某些假說，。然而，商務當中的數據蒐集，多半都要搭配假說驗證型和假說探索型這二種方法進行，這也是事實。

那該怎麼靈活運用假說驗證型和假說探索型的數據蒐集呢？分析的早期階段當中，探索性的數據蒐集所佔的比例很多，隨著分析的進行，蒐集數據以驗證假說的比例就多了起來。兩者的關係絕不是相互排他。反而要當成是車子前後輪，配合分析階段靈活運用這二種方法才是關鍵。另外，實際的數據蒐集不見得一次就能完結。

比方說，實施團體訪談建立假說探索式的粗略假說，再以數百人次的問卷驗證這個假說，像這樣多次往復進行假說驗證型和假說探索型的數據蒐集，同時進行分析。有時這也伴隨著重新審視和建構假說的意義在，不過像這樣屢次進行摸索和「捲土重來」，最後多半會比較容易形成優秀的分析。

實際在蒐集數據時，可以大致區分為「定量數據」（定量資訊）

和「定性數據」（定性資訊），這裏則不限於定量數據的蒐集，定性數據的蒐集也包括在內。

其實數據的品質將會大幅影響後續分析的品質。有一個跟蒐集數據有關的詞彙希望大家記住，那就是「GIGO」。

GIGO ＝ Garbage in, garbage out（垃圾進，垃圾出）

GIGO 原本是電腦科學領域的詞彙，但跟分析和數據有關時也完全可以這樣說。就算對錯誤的數據做了多麼盛大的分析，也只不過是垃圾吧？

在此會先從假說看看所需的資料，以此為前提，談談如何蒐集沒有「偏離」的數據。就如【圖表 2-5】所示，重點在於如下二項：

● 釐清不足的數據是什麼。
● 實際蒐集數據（參照本章的第 5 節〈實際蒐集數據〉）。

■■ 4-2　釐清不足的數據是什麼

從假說逆推再釐清所需的數據之後，就要比較手邊既存或可以馬上弄到手的數據，釐清有什麼不足。

只不過，為了釐清有什麼不足，就必須在一開始好好想想需要的究竟是什麼。這時在假說思考章節中談過的逆推設想就派上用場了。以故事板的形式，盡量掌握產出圖像，查出究竟需要什麼樣的數據。

就算隨便分析隨便蒐集而來的數據，也只會拿出隨便的結果。這時要注意「確認偏誤」（confirmation bias）。

人類的思考當中有個容易陷入的圈套叫做偏誤，蒐集資料時需要特別注意「確認偏誤」的偏頗思考。我們就透過專題討論一起思考看

【圖表 2-5】蒐集數據時要避免「離題」

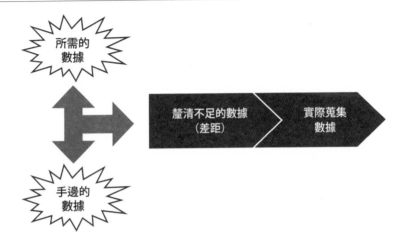

看吧。

〔演練習作〕

各位的面前有 3 個數字（2 → 4 → 6）組成的數列。其實這條數列是我根據某項規則編出來的，目的是要讓大家猜猜看這些數字是以什麼樣的規則編制和排列。請試著從剛開始的 3 個數字排列中建立假說，推測是怎麼樣的規則。

其次要根據這個設想，同樣自己任意用 3 個數字組成數列給我看。假如這個數列依循同樣的規則，我就會回答「是的」。另外，假如錯了我就會回覆「不是」。這個流程重複多少次都沒關係，直到可以確實掌握規則為止。

假如確實掌握了規則，麻煩把這個規則告訴我。要是吻合就會說「答對了」，而若沒猜中就會說「答錯了」，要重新推測。

比方說，常見的發展會像這樣：

〔學生 A〕6 → 8 → 10 怎麼樣？

〔我〕是的，這滿足規則。

〔學生 A〕那麼，10 → 12 → 14 怎麼樣？

〔我〕是的，這滿足規則。

〔學生 A〕既然如此，規則就是每次加二的偶數。

〔我〕答錯了。

〔學生 B〕6 → 10 → 12 怎麼樣？

〔我〕是的，這滿足規則。

〔學生 B〕那麼，2 → 4 → 10 怎麼樣？

〔我〕是的，這滿足規則。

〔學生 B〕既然如此，規則就是遞增的偶數。

〔我〕可惜，答錯了。

其實答案是「遞增的數列」。

這次的假說驗證在數據蒐集上有什麼不妥呢？其實無論是哪個例子，當成數據集中的數列都是先吻合自己想出的假說（以剛開始的學生 A 為例，就是每次加二的偶數），再求證是否符合規則。從這個實驗中也可以發現，人類往往會蒐集支持自己假說的資訊，以迎合的方式強化自己的假說。

像這樣單單注意支持自己先入為主的觀念和假說的資訊和數據，無視或輕視相反資訊，這種傾向就稱為「確認偏誤」。從單單注意支持的數據來看，或許也可以改稱為「選擇偏誤」。研究指出，人類的腦部在出現的結果符合自己的預測時，就會促進多巴胺（dopamine，這種物質會刺激腦部的快感，所以又稱為快感荷爾蒙）的分泌，而當結果不吻合時，則會抑制分泌。腦部的結構導致確認偏誤，這或許是

某種意義上的必然。

比方說，假說有個人喜歡血型性格診斷，看了書之後相信「B 型個性十足」。這個例子當中，即使周圍有幾個 B 型的人（日本人約 5 人中有 1 人，歐美約 10 人中有 1 人），他眼裏也只有其中自己覺得個性十足「像 B 型」的人，更加深信「果然 B 型很有個性」。其實，B 型的人當中「不像 B 型」的人照理說也有一定數量，然而這種「不像 B 型」的人往往被當成例外，隨便安上「搞不好是隱性 A 型」的理由，不經意地遭到忽視。

附帶一提，近年研究在美日施行的社會調查答案顯示，血型幾乎不會造成差異，血型和性格沒有關聯（注四）的觀念早已成了主流。

既然如此，該怎麼做才可以避免確認偏誤呢？

人類往往會過於深信自己一定沒問題，不會陷入那樣的偏誤。首先，關鍵在於要謙虛接受腦部的結構也會導致確認偏誤，任何人身上都會發生，要懷著開闊的心胸自問是否有「確認偏誤」。過程當中再次少不了跟假說不同的多樣化數據，以及親自探討意見的態度。不要自己一個人思考，徵求別人的意見也很好。

注四：繩田健悟（2014）〈血型與性格無關〉《心理學研究》（暫譯，原名「血液型と性格の無関連性」『心理学研究』）85（2）:148–156。

5 | 實際蒐集數據

接下來我們就要著手取得數據了。

【圖表 2-6】歸納了一下蒐集數據的方法,大致可分為二種:

①蒐集世上既存的數據。
②蒐集世上尚不存在的數據。

■■ 5-1　蒐集世上既存的數據

　　數據既存於世上任何一個地方,而這個尋找數據的途徑就是以此為前提。許多情況之下,凡是談到先蒐集數據就是指這個。因為跟另一個方法「蒐集世上尚不存在的數據」相比,這個方法在時間和費用上通常都有效率得多。

　　具體來說方法如下:

- 搜尋網路上的資訊。
- 透過商業資料庫搜尋。
  - →比方像商務領域當中就有日經 TELECOM 和 SPEEDA 等等。
- 資料、文獻調查。
  - →書籍、雜誌、報紙、論文、政府機關和業界團體的公共數據等。

　　說到實際蒐集某些數據,相信許多人剛開始會嘗試用 Google 搜尋吧。這時問題就在於該怎麼從龐大的熱門資訊當中,看出可行的數

【圖表 2-6】蒐集數據的方法

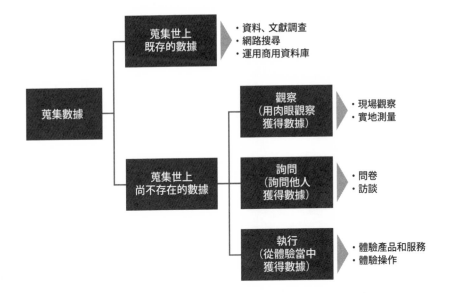

據和值得信賴的數據。

　　假如在一個範圍當中蒐集數據時，將相關知識和經驗累積到某個程度之後，就可以透過搜尋從熱門卻魚目混珠的資訊中，嚴格畫分什麼是可行的數據，但在找不到竅門的領域中，這就成了相當困難的工作。這種時候要是有個領航員曉得哪裏有什麼資訊，蒐集數據的精確度就會遠遠提升。

　　首先該拜託的領航員是在該領域擁有知識和經驗，「似乎知道詳情」的人。比方像是專家或是曾在該領域工作的人。詢問已經知情的人效率會壓倒性地高。處理新領域的主題時，剛開始要做的事情之一就是請較該領域的經驗人士和專家，探聽業界資訊和蒐集數據的竅門。

　　話雖如此，但有時周圍連這種經驗人士和專家都沒有，要進入資料庫也很困難。這時，國立國會圖書館提供的「Research Navi」網站，

就成了找尋線索的依靠了。這個網站也會提供調查資料的技巧，蒐集數據時會很好用。

　　比方說，假說要取得超商的顧客光臨人數和客單價（按：指每位顧客的平均購買金額）的相關數據。進入 Research Navi，搜尋「超商」，超商業的相關主要統計數字就會歸納成資料，還會得知資訊來源如下：

- 《CVS 市場年鑑》（暫譯，原名『CVS マーケット年鑑』。物流企畫編輯、發行，年刊）
- 《商業販賣統計年報》（暫譯，原名『商業販　統計年報』。經濟產業省經濟產業政策局調查統計部，年刊）
- 《物流統計資料集》（暫譯，原名『流通統計資料集』。物流經濟研究所編輯，年刊）
- 《超商》（暫譯，原名『コンビニ』。商業界，月刊）
- 各種統計調查（日本連鎖加盟協會〔JFA，Japan Franchise Association〕）

　　從資訊來源的說明可知，裏頭的日本連鎖加盟協會數據當中似乎會有顧客光臨人數和客單價的資訊。

　　最近政府機關的統計和調查數據，也以類似 e-Stat 平臺的方式將政府統計數字彙整到入口網站上。透過檔案的形式讓人人都能取得數據，馬上用 Excel 分析，相當方便。另一方面，儘管有時因目標不同，想要的數據本身就在網站上，但也不會以馬上就能輕鬆分析的方式提供。

出生月效應

【圖表 2-7】是日本職棒選手出生月分布的調查結果。從以前我就知道美國職棒大聯盟、英國職業足球和其他職業運動中，選手出生月的分布不均，而日本是怎樣呢？於是就有了求證的動機。儘管試著尋求數據，卻找不到能以馬上就能分析的方式提供資訊的來源。

各球團的選手名單就刊登在日本棒球機構（Nippon Professional Baseball Organization）的網站上，所以我就將網站上十二個球團旗下所有選手的表格，老老實實地從網站複製到 Excel 當中，加工做成直條圖（vertical bar chart）。蒐集數據實際花費的時間是 30 分鐘左右吧？最近還有個方法是用程式自動蒐集網站上刊登的數據（數據擷取[注五]），不過就算沒做到這個地步，只要有這點東西在，花些工夫就可以像這樣蒐集數據。

然而，以我過去諮商和在商學院上課的經驗，儘管實際做做看之後發現不大麻煩，但意外的是做出「再花點工夫」這種行為的人並不多，這也是事實。換句話說，是否會不惜時間「花點工夫」，這在蒐集既存的數據時相當重要。既然都要差異化，與其將數據分析本身弄得很盛大，還不如在取得數據時別吝於付出許多人忽略的小工夫，這樣會輕鬆得多。

機會難得，就參考出生月的數據吧。從【圖表 2-7】得知，早出生（日本以 4 月為新年度和新學年開始，出生於 1 至 3 月稱為早出生）的選手明顯很少，從 4 至 7 月出生的選手則變多了。原本一個月有 30 或 31 天，2 月只有 28 天，要公平比較就需要修正天數，但就算沒有做到修正的地步，差距也的確很大，所以這裏就省略了。另外，從

注五：其實就算不自己寫程式，也有支援數據擷取的網站（https://import.io/）。

【圖表 2-7】職棒選手的出生月份分布（2012 年賽季結束時，總計 827 名選手）

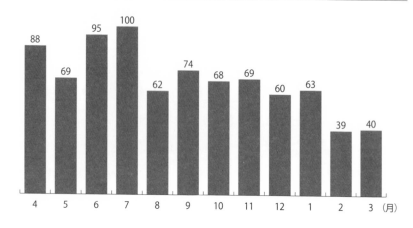

比較的觀點來看，說不定也會有尖銳的意見指出一般人的出生月其實也不均。儘管一般人的出生月多多少少具有異質性（heterogeneity），但就當作分布大致相同即可（注六）。

同樣的傾向（早出生〔1 至 3 月〕的人很少，很多選手的出生月在年度之初〔4 至 6 月〕）在日本國內的足球 J 聯盟上當中也看得到，另外美國大聯盟和其他國外的職業運動上，更是可以觀察到類似的現象。這種趨勢稱為出生月效果和相對年齡效果，目前已知其實不只是運動，還廣泛出現在學校成績和升大學的成績等地方上。

我用網路搜尋這對大學入學學生的影響，於是就發現**【圖表 2-8】**是一個在英國的例子。圖表內容是英國頂尖大學牛津大學（University of Oxford）與劍橋大學（University of Cambridge）入學學生的出生月分布。目前已知志願就讀這二所大學的人多半在英格蘭和威爾斯，這兩個地區的學年從 9 月開始，8 月結束。從圖表中可知，出生月在學

注六：比方像是厚生勞動省「關於出生的統計概況：人口動態統計特殊報告」。

【圖表 2-8】牛津大學與劍橋大學 2012 年入學學生出生月份

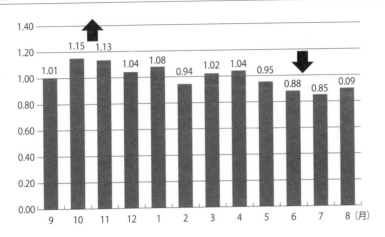

（注）依照 1993/1994 年各月的出生人數補充修正，平均為 1.0。
（出處）作者根據 BBC 新聞網（http://www.bbc.com/news/uk-politics-21579484）製作而成。

年前半段（9 至 2 月）的入學學生明顯較多，後半段（3 至 8 月）的入學學生則較少。

　　為什麼會出現這樣的現象呢？

　　以棒球來說，說不定有機會去職棒的選手，多半是從少棒開始打。這時比賽雖然以年級為單位，不過在日本的小學低年級當中，儘管 3 月生（誕生在學年末）的孩子跟 4 月生（誕生在學年初）的孩子同年級，實質上卻有將近一年的發育差異。4 月生的孩子體格相對壯碩，運動能力又佳，較為有利，可以輕易想見周遭包括教練的人和自己的評價，將對孩子的自信和幹勁帶來影響。原本這段差距應該會隨著時間經過逐漸消除，數據卻表示自信和幹勁的早期條件差異不會簡簡單單就抹滅，而是影響到長大為止。早出生的孩子有時會因為比同班同學年齡小，而背負相對年齡效果的不利條件，尤其是小學低年級時的成績差距方面，更有當事人無法控制的因素在作用，需要留意。

【圖表 2-9】標準普爾 500 指數（S&P500）的企業執行長（CEO）與出生月份

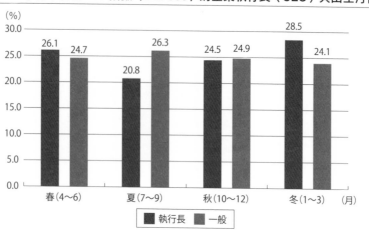

另外，一個人要是特別成功，往往就會覺得成功是自己的努力和能力所致，不過因果關係沒那麼單純，有時出生月的影響或許會很大。就算憑著這一點暫時成功，似乎也需要謙虛面對自己的成功。

影響多大？是否連職涯也會受影響？我也曾經長期在商學院執教，很好奇如果以企業的管理階層為研究對象，結果會是如何。說不定真的有論文研究關於身為企業管理階層的出生月效果。於是我就先試著用 Google 搜尋，然後就發現以下這篇論文（注七）的研究結果。

【圖表 2-9】標示出美國 500 家名列標準普爾 500 指數的代表企業，1992 至 2009 年期間 375 名執行長（CEO）的出生月分布。執行長當中也包括美國以外的人，不過這裏要設想絕大多數執行長都是美國出身。原本每季出生的人數一定多少會有所變動，所以也把一般人的分布當成比較對象加進去。美國有 37 州的幼稚園入學時間在 8 月

注七：Qianqian Du et al.（2012）"The Relative-age Effct and Career Success: Evidence from Corporate CEOs," *Economic Letters* 117: 660-662.

31 日到 10 月 16 日之間，夏天出生的孩子大致上是在學年最後誕生，也就是要視為早出生。從圖表可知夏天出生（7 至 9 月）的執行長比一般人要少。

假如硬要解釋因果關係，就是從唸小學時開始，誕生在學年初（10 至 12 月）的孩子跟誕生在後半段（7 至 9 月）的孩子相比，體力和智力的能力層面領先了將近一年，所以比其他孩子容易占有優勢。另外，當事人往往還會因此輕鬆獲得周遭認可，擁有自信，同時取得領導地位的機會自然就變多了。

像這樣，剛開始在集團當中學習時，領導該有的自信和經驗差異，從那之後上了國中、高中、大學，也不會完全消失，其實還會影響到長大之後。附帶一提，我任職的研究所之中，日文 MBA 課程的學生出生月分布，則可以參見【圖表 2-10】（平均為 1.0）。從圖表中可知，沒有明顯的跡象顯示出生在學年前半段對入學會比較有利。

【圖表 2-10】日文 MBA 課程的學生出生月份

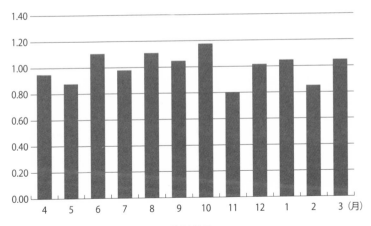

（注）圖表沒有特別照一般人各月出生人數的差異補充修正。

■■ 5-2　蒐集世上尚不存在的數據

我們在 5-1 節〈蒐集世上既存的數據〉當中，看到了蒐集「世上現有的數據」的相關途徑。另一方面，所需的數據不一定是「世上既存的數據」。尤其在嘗試從新的切入點分析時，既存的數據極有可能無用武之地。

因此，蒐集「世上既存的數據」時多半會預設這是用在固定的目標上，各位的假說切入點愈嶄新，既存的數據就愈不見得符合自己的目標和假說。

這種情況之下，就需要放棄取得既存的數據，親自蒐集新數據。假如剛開始蒐集「世上現有的的數據」的流程是拿成衣將就一下的途徑，蒐集「世上尚不存在的數據」的流程就相當於配合目標和假說訂做服裝。

這項途徑可以從蒐集數據所需的行動型態當中，大致如下：

- 觀看（用肉眼觀看獲得數據）
- 詢問（詢問他人獲得數據）
- 執行（從體驗當中獲得數據）

觀看：用肉眼觀看獲得數據

觀看指的是用肉眼實際觀看和測量，取得數據。豐田汽車（Toyota Motor）的生產方式又叫做精實生產方式（lean manufacturing），在世界上也很有名。支持豐田生產方式（TPS，Toyota Production System）的哲學之一就是現地現物（go and see for yourself，遇到任何事都要前往事實發生的現場，小心求證事實）這個詞，內容真是名符其實。

具體來說，就是觀察顧客的購買行動，考察競爭店家，觀察工廠

當中的製造工程或辦公室當中的庶務工作等等。觀看不只是實際觀察，還包括定量式的測量。比方說若要改善業務，就要測量實際花在業務上的時間。另外，最近隨著感測器的迷你化，運用穿戴式感測器之後不只是觀看，還可以持續測量行動本身[注八]。

網路的發達讓公共數據和其他許多數據公諸於世，能夠從網路上存取。因此，從獲得數據的觀點來看，就算取得的技巧有優劣之分，光靠數據也難以差異化。單憑這一點，能夠透過實地實物以自己獨有的數據來分析就非常重要。

另外，這本書雖然是關於定量分析的讀物，實地實物的狀況卻不見得都可以透過數字傳達和描述。從這個意義上來看，驅策以視覺為首的五感就相當重要了。透過可以理解的方式心領神會，掌握實際的狀況，連數字表達不了的事物都包含在內，這正是「百聞不如一見」。有時實際運用五感體驗之後，就會看到以往沒能見過的嶄新風貌。

GLOBIS 商學院有個畢業生叫做 N。其實從藉由「觀看」來蒐集數據這一點上，N 是個極為獨特的人。因為從 2002 年起，N 就以用途來畫分，以分鐘為單位，持續記錄每天生活的時間達十年以上。所追求的不只是提升自己平均每小時的產能，連周遭的人都要幫。一時興起制訂行動記錄，這點程度或許任誰都做得到，但要不眠不休持續做十年以上，沒有強烈的決心根本做不到。那麼，N 究竟為什麼要開始做這種測量呢？他透露的理由如下：

「契機是在我 22 歲時父親突然過世。目睹最親近而重要的人死亡，讓我發現自己在浪費『生命』。人生苦短，生命無常。人生必有

注八：矢野和男（2014）《數據的無形之手：穿戴式感測器闡明的人類、組織與社會法則》（暫譯，原名『データの見えざる手──ウエアラブルセンサが明かす人間・組織・社会の法則』）草思社。

終點，上天給予自己的時間有限。時間是唯一平等賜與所有人類的東西，運用的方式就決定了人生。想到這些之後，我就孜孜不倦地把目標放在有效運用人生剩下的時間上，於是從那一天起就馬上用計時器測量所有的時間。」

比方說，N就讀研究所的這二年中，每季時間運用法的變化就如【圖表 2-11】所示。

懂得這種運用時間的方式之後，會發生什麼有趣的事呢？

管理學家彼得・杜拉克（Peter Drucker）在日本也有很多支持者，他曾經講過以下這段話：

「受到測量的東西可以改善。」（What's measured improves）

也就是說，測量之後就會從中看出改善的機會。N的假說如下：

成果＝時間量 × 有效活用法

儘管有了這個假說，不過為了採取行動驗證與改善，首先就需要將時間定量化作為基礎，再觀察與成果的關聯性。第一章【圖表 1-6】介紹過 N 君（野呂浩良）的學習量和成績的關係分析，正是將獨一無二的數據引導到這樣的天地中。

訪談：詢問他人獲得數據

訪談指的是運用面談、紙張、網路和其他媒體，請教他人和企業藉此蒐集數據。商業最後終究是要讓誰購買產品或服務方能成立。因此，就少不了個人或企業購買者的相關資訊。為了要透過問卷或客訴等管道蒐集顧客的聲音，進而改善與開發產品或服務，就是會經常使用「訪談」的方法。

【圖表 2-11】N 君就讀研究所時每季時間運用法

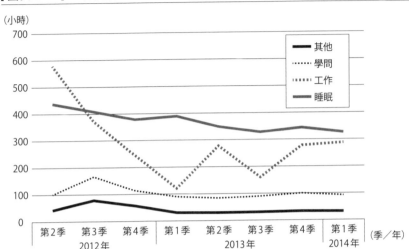

比方說，面談（一對一的訪問、團體訪問等）與非面談（郵寄問卷、電話問卷、網路問卷等）的方法就屬於這種情況。另外，除了這種方法以外，「蒐集世上既存的數據」一節當中也曾提到，遇到沒有風土民情知識的領域時，要趁著早期階段先詢問知道詳情的人，這也很重要。

問卷在網路時代也極為常用。然而，問卷實際上有幾個難處。一個在於抽樣偏誤（sampling bias），抽選問卷回答者的過程本身，以及實際的回答者在結果上有所偏頗。還有一個則是提問的措辭對回答的影響。後者的出題者甚至能辦到受人之託即可用問卷做出任何結果，必須小心別讓提問的措辭影響回答。

抽樣偏誤：總統選舉和大相撲名古屋會場的轉播與否

「詢問」的對象偏頗稱為抽樣偏誤，以往知名的例子就是 1936 年美國總統大選的選舉預測。當時著名的雜誌《文學文摘》（暫譯，原

名 *Literary Digest*）進行 240 萬人次的調查，預測共和黨的候選人阿爾夫·蘭登（Alf Landon）會以 57% 的得票率勝選，富蘭克林·羅斯福（Franklin Roosevelt）則為 43%。

反觀後來以民意調查出名的喬治·蓋洛普（George Gallup），則從區區少數 5 萬人的調查當中，預測民主黨的羅斯福會勝出。實際的選舉結果以羅斯福 62% 的得票率告終。240 萬人的調查預測竟然差結果 19 個百分點。其實《文學文摘》調查的樣本數雖然多達 240 萬人，但選擇的調查對象是根據電話簿，而當時只有富裕階層才擁有電話，於是對象就偏向富裕階層了。

有人指出，這個調查結果有利於富裕階層支持者多的共和黨。再加上調查對象名單的 1000 萬人當中，只有 240 萬人實際回答，電話問卷回收率低，這一點也可能讓結果更偏頗。儘管說到調查，焦點往往會無可避免地落在樣本數上，但從預測能力的意義上來看，偏頗度小的樣本會比偏頗度大的樣本來得優異[注九]。

而在 2010 年，世稱的「大相撲棒球賭博問題」震撼了日本的大相撲界。2010 年 5 月的雜誌報導，揭露現職力士（按：相撲選手）涉和由黑道集團做莊家的職棒賭博。面對這個問題，世人關心的是日本放送協會（NHK）是否會轉播 7 月大相撲名古屋會場的賽事。截至 7 月 5 日為止，日本放送協會收到高達約 12600 件針對這個問題的觀眾意見，其中有 68.3% 反對轉播，贊成轉播的僅有 12.7%。

日本放送協會接受觀眾的意見，判斷 7 月 6 日應該中止轉播持續 50 年以上的大相撲電視節目。關於這個決定，當時日本放送協會的

注九：節錄於賓夕法尼亞大學（University of Pennsylvania）丹尼斯·德特克（Dennis DeTurck）的網站。

福地茂雄會長留下這樣一段話：「從觀眾那邊收來的意見當中有六成以上認為應該中止，這是前所未有的嚴苛局面。」

然而，日本放送協會發佈中止轉播的消息之後（7 月 6 日下午 4 點 30 分至 7 月 7 日正午），就收到約 2000 件觀眾意見，其中竟然有 47.5% 贊成轉播，反對轉播的僅有 27.5%，跟以前完全相反。

為什麼發佈中止轉播的消息之前和之後，觀眾的意見就反過來了？

據推測，這恐怕是因為轉播中止之前和之後，傳達意見的觀眾成分大為不同。或許特地在轉播中止前打電話給日本放送協會傳達意見的觀眾多半正義感強，接觸到大相撲棒球賭博的報導，無法容許大相撲轉播當中有做出這種惡行的力士在，於是就在這樣的想法之下打了電話。因此，反對轉播的人占了多數也是可以理解的。

另一方面，發佈中止轉播的消息後打電話給日本放送協會的人，想必是期待相撲轉播的相撲迷（可能以中高年齡層為主），聽到中止轉播的消息很驚訝，才向日本放送協會傳達意見。因此我們可以推測，發佈中止轉播消息之前和之後傳達意見的觀眾，都不見得是日本放送協會一般的觀眾群，另外，兩者的特性也有所不同。

問卷的提問與對回答的影響

2014 年安倍政權是否該允許行使自衛權成了很大的爭議點。主要報紙和其他各家媒體以民意調查的問卷形式，調查與公開國民的意見。

其中，《朝日新聞》花了 2 至 3 個月調查的結果（二選一問題）為：

- 「維持立場不能行使」為 63%。
- 「爭取可以行使」的回答為 29%。

調查結果顯示反對允許行使的為壓倒性多數。

另一方面，5月讀賣新聞實施的民意調查（三選一問題）則為：

- 回答「應當可以全面行使」的有 8％。
- 回答「應當可以在必要最低限度的範圍下行使」的人有 63％。
- 回答「沒必要爭取可以行使」的人有 25％。

結果顯示，前 2 個回答相加之後，高達71％的人認為該允許行使。

為什麼在調查時間影響不大的前提下，同一群體的自衛權民意調查結果，會出現這種鮮明的對比呢？

這項民意調查當中有 2 個因素可能會影響回答。首先是選項數量的影響。其實當選項有 3 個時，回答問卷的人就不願意採取明確的立場，答案會集中在中庸的選項上（集中趨勢〔central tendency〕）。這同樣會影響到人事考核，為了避免集中趨勢作祟，需要花心思將選項設定為偶數，而非奇數。反觀《朝日新聞》的選項有二，受測者被迫要選擇明確的立場，導致更多回答者選擇維持現況且心理負擔少的「維持立場不能行使」，這樣解釋也是有可能的。

另一個可能性也跟集中趨勢有關，那就是「必要最低限度」一詞的影響。假如選項當中有這個詞彙，其中庸特性就會更強烈，讓受測者輕易選擇這個選項。

問卷就「詢問」別人意見的意義而言是有效的方法，但不可否認提問的設計有可能影響答案。審視提問的方法也很重要，假如看到結果時覺得跟自己的感受天差地遠，就要查明是否受提問所影響。

執行：從體驗當中獲得數據

執行的目標是要以當事人的名義，透過親身體驗和嘗試取得數據。

比方像是親自使用自家公司和競爭對手的商品和服務，體驗自家產品和競爭產品的優點和缺點，蒐集改良自家產品和服務所需的材料，就屬於這種做法。另外，除了商品和服務以外，實際去做工廠組裝產品的作業和辦公室的業務，蒐集作業和業務瓶頸的相關數據，也可以列舉為「執行」的範例。

實際體驗現場，以所有感官感受之後，就可以藉由語言和數字蒐集到淺顯易懂的材料。

從實際「執行」的意義來看，或許也可以視為形同於商務實驗的範疇。話雖如此，但在使用過去的數據分析時，就算數據告訴你過去顧客的行動模式，不過在做史無前例的大膽新嘗試時，就不會告訴你顧客會有什麼反應。這種情況之下，商務當中也要在廣泛實施新措施之前實際實驗，就像製藥公司將新藥投入市場之前，必須實際實驗是否有效一樣。

姑且不論醫療領域，以往這種實驗性的比較在商業領域上難以想像。然而自從進入網路的世界，第一章介紹過的 A/B 測試廣泛使用之後，狀況就大為改觀了。

比方像是美國大型零售連鎖店柯爾百貨（Kohl's），就曾經在討論是否該為了刪減營運成本，將平日開店的時間延後 1 個小時[注十]。經營團隊對此意見分歧，不曉得延後開店時間是否會影響銷售額。後來柯爾百貨實際在將近 100 家分店進行實驗和比較延後開店時間的影響，發現這對銷售額確實影響不大。

注十：史蒂芬・湯克（Stefan Thomke）、吉姆・曼茲（Jim Manzi）（2014）〈以實驗考驗創新〉，《哈佛商業評論》12 月號。

章末問題

　　少子化已成為很大的社會問題。從橫跨 200 年生育率演變的國際比較圖當中也可以發現，實際上近來日本的總生育率（TFR，Total Fertility Rate）為 1.4 左右，跟支撐人口最低限度的 2.07 相比持續探底。

　　該怎麼做才能挽救日本脫離少子化危機？麻煩請各位思考一下假說。

※ 總生育率著眼於某段期間（一年間）的出生狀況，是該年各年齡（15 至 49 歲）女性生育率的總和。忽視女性人口的年齡

橫跨 200 年生育率的演變

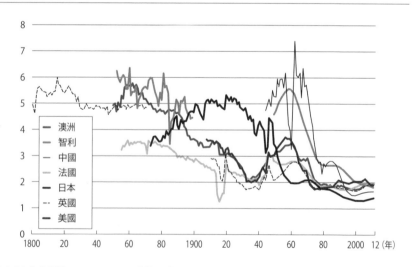

（出處）作者根據 Gapminder World 製作而成。

結構差異後則是「該年生育率」，用於年次比較、國際比較和地區比較上^{（注十一）}。

注十一：節錄自厚生勞動省人口動態統計月報的說明。

第3章

分析的五個視點：
了解「比較」的基準

就如第一章看到的一樣，分析的本質在於「比較」。或許也可以說沒有比較就沒有分析。另外在第二章當中，我們還一起看到思考的步驟，明白該以什麼步驟思考才好。

第三章終於要逐漸進入分析的內涵了，雖然「分析就是比較」，不過究竟該怎麼比較？ 分析時要統一比較基準再比較，從中找出來龍去脈。換句話說，比較的關鍵似乎就在於要注意數據的什麼地方。

以下將從這種觀點出發，嘗試從分析的著眼之處，也就是分析的視角，主要以什麼做為比較對象，將這些觀點歸納成五個項目：

①影響度多大？

②差距在哪裏？

③趨勢是怎樣？

④異質性分配情況如何？

⑤模式是什麼？

那麼，我們就依序看看分析的視點吧。

1 影響度

　　第一個視點就是要考量分析對象的影響度，也就是這項分析對最後結果將會產生多大的影響」。要配合影響程度選擇分析結果的精確度和分析方法，換句話說，就是要回答以下的問題：「這項分析究竟值不值得花時間和工夫去做？」

　　在定量分析時，很容易埋首於分析工作當中，陷入「玩弄數字」或「為分析而分析」的狀態。比方說，判斷是否要投資 10 億日圓的設備，和請示上司是否要批准 1 萬日圓的經費支出，所要求的分析精確度和數量當然有所差異。

　　我們往往會關注眼前的機會和問題，針對那一點衡量接下來的行動。不過，眼前的機會和問題並不一定會大幅影響最後的結果。因此，商務當中必須仔細思考「想要分析的問題具有多大的影響度」。在此基礎上找出影響度大的地方，設定優先順序再分析。必要的時候，要果斷思考一些小問題。

　　我喜歡將策略定義為「決定什麼事情不做」。假如配合分析的文脈來說，或許也可說成「決定什麼事情不分析」。

　　分析時一定要衡量以下幾點：

- 真的需要分析嗎？
- 沒有分析就無法決策嗎？
- 有沒有時間和資源能夠用在分析上？

　　首先要比較有分析和沒分析時的情況，這項判斷本身也正是分析

的關鍵。

　　就影響度這個視點來說，愈是喜歡和擅長數字的人，愈是要引起注意。正因為喜歡和擅長，就特別容易陷入「為了分析而分析」的狀態。

2 差距

　　所謂「差距」，是透過比較，認識分析對象和比較對象的差異，也就是「什麼相同」和「什麼方面有怎樣的不同」。另外還要思考為什麼「相同」或「不同」，了解分析對象的固有特徵。

　　透過比較著眼於差距的分析也常用在商務上，比方和設定的目標與計畫值，或者基準點比較的差異分析，就是典型的例子。另外，解決問題時會比較「理想狀態」和「現狀」，存在差距的狀態作為問題，再分析發生問題的起因是什麼。還有，解決問題時少不了要推論因果關係，這時比較也會很重要。

　　儘管商務上經常採用比較高低大小的說法，但偶而會有案例是不確定究竟要跟什麼比較才能看出差距。因此，首先要明訂比較對象，並且選擇比較軸，這些是否恰當，以上步驟在決策會非常重要。

　　選擇適當的比較對象之際，請參考以下的比較軸：

● 要用絕對數值，還是比率（％）？

　　比方像在驗證「跟外國相比，日本公務員太多」的假說之際，是看公務員本身的人數，還是要看所有勞動者中的公務員比率（公務員數 ÷ 總勞動者數），分析的意義是不同的。

● 要看流量，還是看存貨？

　　一般來說，我們會把某段固定期間內的流動量叫做流量，而某個時間點的儲藏量則叫做存貨。要比較經濟上的富裕程度時有二種方法，一是流量收入，二是存貨這項資產保留額。企業的財務會計當中，表示收支的損益表會對應流量，而資產負債表則對應存貨。

COLUMN

哪種教育方式有效果？

　　各位看過電影《華氏九一一》（*Fahrenheit 9/11*）嗎？ 這是麥可·摩爾（Michael Moore）導演於 2004 年製作的紀錄片，以 2001 年 9 月 11 日在美國發生的多起恐怖攻擊為主題。儘管內容是在批判當時布希（George Walker Bush）政權處理恐怖攻擊的方式，不過其中還有個知名的場景是恐怖攻擊當天布希總統的影像[注一]。

　　當時，布希總統造訪佛羅里達州的小學，觀摩閱讀書籍的課程。參觀課程的途中，白宮幕僚長卡德（Andrew Card）在布希總統耳邊告知第二架飛機撞進世界貿易中心的消息，然而在那之後將近 7 分鐘，布希總統卻繼續跟孩子們一起唸《寵物山羊》（*The Pet Goat*）這本山羊的故事。

　　美國本土遭到恐怖份子的攻擊，布希總統這個軍隊最高指揮官卻不知道該做什麼，等待指示毫不採取自己的行動，這就是摩爾導演所批判的內容。

　　這裏要談的並不是影片當中布希總統的表情，而是為什麼總統要造訪這所小學。其實布希總統是來觀摩這所小學採用的閱讀教材（Reading Mastery），其中運用到直接教學法（DI，Direct Instruction）[注二]。

　　當時，布希政權為了提升美國初等教育的教育水準，而推動有教無類（NCLB，No Child Left Behind）的政策。政府在有教無類政策之下採取明確的方針，將聯邦政府的預算撥給科學認證為具有教育成

注一：影片在 YouTube 或其他影音網站應可找到。

注二：Ian Ayres（2008）*Super Crunchers: Why Thinking-By-Numbers is the New Way to Be Smart*, Bantam.

效的教育方法，而直接教學法則是在這些評比當中獲認可為教育成效
最高的方法之一。

　　其實採用直接教學法講課時，連老師的臺詞都要事先編纂腳本，
許多認為創意方法才是寶貴價值的教師和專家對此評價甚低。布希總
統選擇造訪的學校就是使用這種直接教學法。

　　【圖表 3-1】是依照美國教育部（Department of Education）旗下
維護的有效教育策略資料中心（WWC，What Works Clearinghouse）
網站數據製作而成，將閱讀能力上的許多教育方法按學習成效排列。
由此可以看出布希總統觀摩的「Reading Mastery」在教育成效當中
名列第二。

　　這個表格沒有列入原始數據當中，還記載了針對各個方法寫過多
少論文，哪個州有多少年的數據，以和其他成為根據的論文資訊。這
個網站替每個領域建立教育成效的資料庫，能夠輕鬆搜尋什麼教育方
法被認定為最有效果，比方像算術就可以查。

　　談到教育方法時，往往會脫離「什麼最有效」的議論，陷入「應
該怎樣」的哲學爭辯。醫療領域當中將最新最好的醫學用在治療上的
實證醫學觀念引來人們的支持。儘管教育領域中同樣的動向才剛就
緒，但或許有一天經營領域中重視實證管理（EBM，Evidence-Based
Management）的時代也會到來。不過，這時的關鍵還是在於「比較」。

【圖表 3-1】比較閱讀能力的教育方法學習成效

教育手法	教育成效指數	教育成效的評比為？	證據足夠嗎？
Instructional Conversations and Literature Logs	29	成效方面有證據	小規模
Reading Mastery	28	成效方面有證據	小規模
Reading Recovery	27	成效方面有堅實的證據	小規模
BCIRC	23	成效方面有證據	小規模
Enhanced Proactive Reading	19	成效方面有證據	小規模
Vocabulary Improvement Program (VIP)	19	成效方面有證據	小規模
Accelerated Reader	16	成效方面有證據	小規模
ClassWide Peer Tutoring	14	成效方面有證據	小規模
Little Books	12	成效方面有證據	小規模
Peer-Assisted Learning Strategies	12	成效方面有證據	小規模
Read 180	12	成效方面有證據	中到大規模*
SuccessMaker	11	成效方面有證據	小規模
Success for All	10	成效方面有證據	中到大規模
Lexia Reading	9	沒有證據	小規模
Sound Partners	9	沒有證據	小規模
Project Read Phonology	5	沒有證據	小規模
Fast ForWord	3	沒有證據	中到大規模
Fast ForWord Language	3	沒有證據	小規模
CIRC	1	沒有證據	小規模
Read Naturally	1	沒有證據	小規模
Read Well	−1	沒有證據	小規模
Repeated Reading	−7	沒有證據	小規模
Shared Book Reading	−8	沒有證據	小規模

（注）＊證據為「中到大規模」指的是包含一個以上的研究，對象為學校，或是 350 人以上、14 個
班級以上的學生。
（出處）作者根據 WWC 網站製作而成。

3 ┃ 趨勢

　　「趨勢」是在時間軸上，將過去、現在、未來進行比較，從而掌握變化的觀點。

　　第一章講到分析的目標是在於掌握因果關係以改變未來。追蹤趨勢是要觀察過去的時間性變化，預測將來。與此同時，從過去的趨勢當中會獲得思考的啟發，明白透過數據看到的現象背後是什麼力量在作用，從而採取必要的行動。

　　據聞德意志帝國首相俾斯麥（Bismarck）曾說：「愚者向經驗學習，智者向歷史學習。」說得誇張點，趨勢就是數據的時間性變化，即我們要學習的歷史。或許也可以說，未來的啟發就在於過去。

　　那麼，要從時間性變化的哪些點當中獲得啟發呢？ 觀察的重點主要可歸納為二項如下：

- 趨勢（一貫的傾向）
- 與一貫傾向相背離的點
  - 反曲點（inflection point，傾向改變的點）
  - 異常值（背離傾向的點）

趨勢、反曲點和異常值會告訴我們什麼呢？

　　首先趨勢是掌握時間當中一貫傾向的視點，要把握對象是增加還是減少，變化是加速還是減速。增加和減少之類的變化具有一貫性，是在暗示數據所反映的這個現象當中相關的作用力和結構穩定，沒有很大的變化。

【圖表 3-2】超商主要連鎖店的數量演變（2002 至 2014 年）

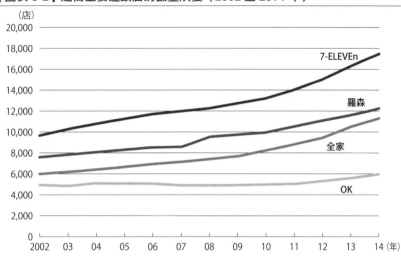

（注）圖表是作者根據 SPEEDA 和各家公司網站製作而成。全家的數據是在刊登於網站之前經由顧客諮詢
　　室取得。

　　我們必須要想想，數據究竟為什麼會增加和減少，變化為什麼是
穩定的。假如對於「為什麼」的答案是往後也不會改變，預測也只要
延續以往的變化即可。

　　而反曲點（傾向大幅改變的點）和異常值（背離傾向的點），則
是在暗示背後結構的變化和意料之外的特殊力量正在發揮作用，就啟
發思考的意義上相當重要。觀察反曲點和異常值時也必然要著重思考
「為什麼」。

■ ■ 3-1　從數據解讀超商

　　接下來以觀察實際的數據，一起思考一下。

　　【圖表 3-2】顯示出排行前四名的超商間數的演變。從這張圖表當
中可以看出什麼樣的趨勢呢？雖然知道各家公司的連鎖店都在增加，
從肉眼卻難以確切解讀增長速度是加快、減慢，或是趨勢有沒有變化。

【圖表 3-3】1970 年代起超商主要連鎖店的數量演變

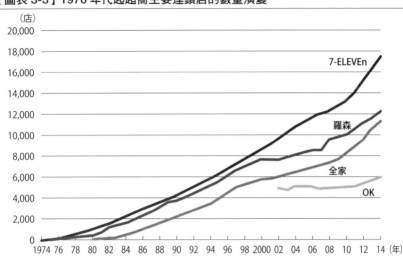

（注）圖表是作者根據 SPEEDA 和各家公司網站製作而成。全家的數據是在刊登於網站之前經由顧客諮詢
　　室取得。

第四章的時間序列圖（time series plot）一節當中也會談到，觀察
趨勢時的一個祕訣在於盡量擷取較長的數據，以鳥瞰的方式掌握趨勢。

既然如此，就把同樣數據的時間軸盡量拉長，觀察 1970 年代起
的數據（請參考【圖表 3-3】）。這次看起來怎麼樣呢？

現在應該可以將趨勢解讀得相當明確了吧？從 7-ELEVEn 的例
子中可知，截至 2000 年代中期為止，間數幾乎呈直線穩定增長。假
說關店數沒有大幅的變化，就可以解讀成新開店數幾乎每年都保持固
定。估計用於投入開新店的資源也沒有太大的變化。

然而，我們發現在 2000 年之後，各家超商的開店行動一度減
緩，其中羅森（LAWSON）尤為顯著。2004 年光是前四名商家的分
店數量就超過 3 萬間，可以推測就在新市場難以大幅開拓的情況下，
競爭也激烈起來，展店更是愈發困難。

不過，從 2010 年左右的反曲點可以看出數據大幅傾斜，也就是

【圖表 3-4】超商主要連鎖店的淨增減數量演變

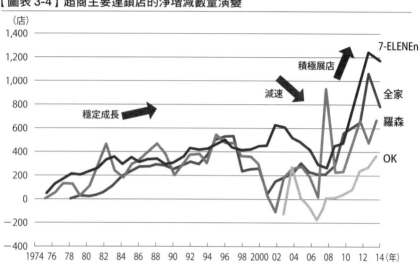

（出處）作者根據圖表 3-3 製作而成。

展店速度增快，行動轉為積極。在此為了將這項變化呈現得更為明確，而把各家連鎖店的展店淨增減數繪製成時間序列圖（請參考【圖表 3-4】）。

當時到底發生了什麼事？

7&I 控股（Seven & i Holdings）2010 年 2 月的年度報告當中^(注三)，預估社會結構的四個變化（家庭平均人數減少、職業婦女增加、少子高齡化、小賣店減少），將導致「覺得購物不便」的消費者增加，另外，報告還強調要在「鄰近方便」的概念之下，把握進一步成長的機會，提供消除不便的食物或服務的解決方案。換句話說，就是告訴我們要改變觀點，認知到超商是沒有滿足需求，將會大幅成長的新市場，而不只是當成以往認為的成熟市場。

注三：7&I 控股《2010 年度報告》。

【圖表 3-5】7-ELEVEn 平均每天不同年齡層來客數演變

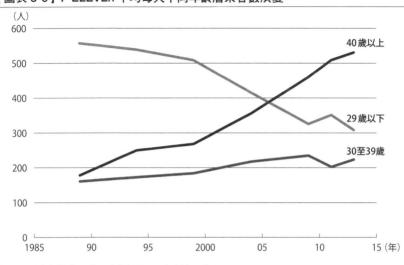

（出處）作者根據《7&I 控股事業概要 2014》製作而成。

　　實際上，來到超商的客層是否有這麼大的變化？【圖表 3-5】是以年齡來看 7-ELEVEn 分店一天的來客數，可以發現 29 歲以下的年輕人客群，2000 年以後大幅減少，而 40 歲以上的中高年層大幅增加，呈現逆轉之勢。

　　7-ELEVEn 掌握這種社會結構的變化，翌年的年度報告也指出方針該定為在高齡化人口集中的大都市圈加速展店，2010 年以後的展店攻勢，正是因應這項方針構想出來的。

■■ 3-2　未來與人口預測

　　以趨勢的眼光觀察數據時，使用的數據幾乎都以過去的數據為中心。而遺憾的是，預測未來的數據多半會落空。不過其中有一個例外，那就是人口預測。針對人口的未來預測通常比其他預測更可靠。因此，各位在討論不久的將來時，應該要先看人口的預測數據做為起跑點。

圖表 3-6　亞洲各國高齡化比率的演變和預測（1950 至 2100 年，中位推計）

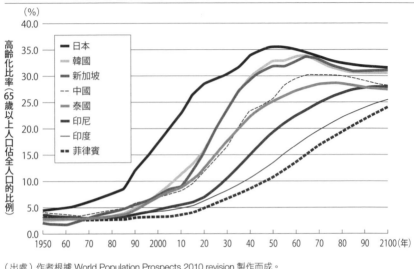

（出處）作者根據 World Population Prospects 2010 revision 製作而成。

【圖表 3-6】是亞洲各國實際的高齡化比率（65 歲以上人士佔人口的比率）和 2001 年為止的預測。高齡化比率是表示國家高齡化程度的指標，大致來說超過 7％是高齡化社會，超過 14％是高齡社會，超過 21％則是超高齡社會。

從【圖表 3-6】的趨勢可知，就如媒體經常報導的一樣，日本在亞洲當中搶先進入高齡化，到 21 世紀中期為止以急速之勢持續高齡化，高峰時國民幾乎每 3 人就有 1 人是 65 歲以上。然而據估計，其實亞洲各國不只是日本，任何一個國家在 21 世界都會急速高齡化，可見高齡化是亞洲共通的課題。

比方像是中國，步上高齡化的時間比日本晚了約 20 年。網路黎明期有一種率先在國外成功的商業模式稱為「時光機經營」，這種管理方法馬上就被日本國內所採用。從趨勢的比較當中可以看出，日本超高齡社會的狀況和經驗，就是亞洲各國眼中未來的「時光機」。

4　異質性

　　觀察異質性時要比較和掌握結構，衡量整體構成要素的異質性程度，也就是各個要素是否明顯偏向（集中）在特定的地方，或者是否均勻分布到整體上【圖表 2-4】提問的模式當中介紹過問題解決的框架（What → Where → Why → How），遵循這個原則時，尤其在Where 這一環節，觀察要素是否集中相當重要。

　　其實世上許多事情分配不均，局部往往大幅影響整體。自古以來人們懂得這項法則，即先前介紹的「帕雷托法則」（80/20 法則）。一般來說，「排名前 20％的顧客貢獻了 80％銷售收入」。類似這樣的偏向在商務當中比比皆是。

　　商務當中能用的資源和時間有限，所以事情要從重要的地方開始處理，或是針對敏感度大的地方著手，這是非常重要的。著重偏向，對擬定優先順序會有很大的幫助。只要在解決問題時遵循帕雷托法則，處理排名前 20％的問題，就可以解決 80％的課題。

　　超商運用銷售時點情報系統分析暢銷貨和滯銷貨，就是著眼於商品銷路的異質性和偏向上。超商注定要以有限的賣場面積將利潤最大化，必須對豐富的商品縮小範圍。因此，所採取的方法就會是找出賣不掉的商品，也就是滯銷貨，從店頭撤下後，再藉由商品陳列法（merchandising）替換成新商品。

　　而商務上不只會運用異質性安排優先順序，還會反過來在乎如何消除異質性，均質化和平準化。比方像二戰之後支撐日本式經營的品質管理，就是把縮小異質性當成至高無上的命題。另外，許多領域當中的需求會隨時間軸變動，該如何確保設備和人力的充足供給，比方

【圖表 3-7】人口眾多的日本都市（2010 年人口普查）

排名	都市名	人口	排名	都市名	人口
1	東京 23 區	8,945,695	11	廣島市	1,173,843
2	橫濱市	3,688,773	12	仙台市	1,045,986
3	大阪市	2,665,314	13	北九州市	976,846
4	名古屋市	2,263,894	14	千葉市	961,749
5	札幌市	1,913,545	15	堺市	841,966
6	神戶市	1,544,200	16	新潟市	811,901
7	京都市	1,474,015	17	濱松市	800,866
8	福岡市	1,463,743	18	熊本市	734,474
9	川崎市	1,425,512	19	相模原市	717,544
10	埼玉市	1,222,434	20	靜岡市	716,197

說需要能否順利平準化，就會是重要的課題。

齊夫定律（Zipf's law）

世上許多現象都有「偏向」，目前已知有幾個定律在說明會怎樣偏向。

舉例來說，各位聽過齊夫定律嗎？原本這個名稱的由來是哈佛大學（Harvard University）語言學家喬治・金斯利・齊夫（George Kingsley Zipf）發現的模式，跟英文單字的出現頻率有關（如果將單字按出現的頻率排序，出現頻率第 k 多的單字是第一多的 1/k）。

目前已知在英文單字之外，還可以在商品和服務的市占率、都市人口的大小，以及其他各種領域當中看到同樣符合齊夫定律的現象。另外，網路的世界裏也經常可以看見這種偏向的分配，像是內容的點擊率……等。

比方說，2014 年度第一季的世界市占率[注四]，第一名的三星

注四：Inter-vision 21（2014）《2015 年度版　圖解業界地圖一目了然》（暫譯，原名『2015 年度版　図解業界地図が一目で分かる本』）三笠書房。

圖表 3-8　日本的都市人口（前 100 名，2010 年）

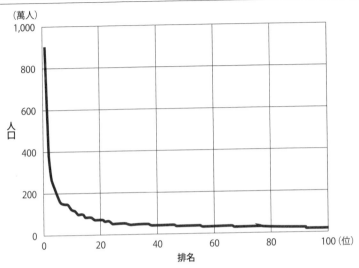

（SAMSUNG）是 30.2％，第二名的蘋果（Apple）是 15.5％，第三名的華為（HUAWEI）是 4.9％，第四名的聯想（Lenovo）是 4.6％，第五名的樂金電器（LG Electronics）是 4.4％。儘管不精確，但卻能以第一名和第二名為中心，清楚掌握排名和市占率大小關係的趨向（市占率偏向高排名，第二名是第一名的一半）。

【圖表 3-7】是依照人口多寡替日本的都市排行。另外【圖表 3-8】則是替前百名都市排名繪製而成。從圖表當中也可看出，人口的分布集中在極少數的大都市，另外還有許多人口 10 萬人以下規模較小的都市，幾乎可以印證齊夫定律。

這種以社會現象為中心指出「世間偏頗不公」的知名法則除了齊夫定律之外，還有前面談到的「帕雷托法則」和「冪定律」（power law），但其實我們知道這三個指的是同樣的現象（注五）。以排名呈現帕

注五："Zipf, Power-laws, and Pareto: A Ranking Tutorial"（http://www.hpl. hp.com/research/idl/papers/ranking/ranking.html）.

雷托法則就會變成齊夫定律,而將用來表示累積分配的帕雷托法則改成機率分配之後,就會變成冪定律。

　　為什麼會形成這種具有偏向的分布? 儘管眾說紛紜,不過許多分布具有「偏向」的事實,在商務中被廣泛應用是極為重要的觀點,廣泛活用在商務上。我們要先在分布具有「偏向」的前提之下,衡量該怎麼做生意。

5 ｜ 模式（原理）

比較分析對象之間的關聯性之後，就會發現潛藏的「模式」、脫離模式的「異常值」，以及趨向大幅變化的「反曲點」，這就是模式的視點。

我們就分別看看以下的要件吧。

■■ 5-1　找出模式

所謂找到「模式」，就是要找出「有了特性 A 之後就會變成如何」、「A 愈多就愈會變成這樣」的趨向和規律。第四章將會說明的「相關」，就是「模式」的最佳代表。

【圖表 3-9】是比較日本超商的規模和利潤率的關係。從中可以看出一項模式，那就是規模愈大獲利也愈好。這種定律通常稱為「規模經濟」，規模愈大就愈有議價能力，商品進貨時愈能以有利的價格進貨，或是在固定費用分攤變得更有利，無須仰賴系統開發費用的規模。

發現商務上的規律之後會有什麼好處呢？藉由發現規律，就能提升預測的精確度和對策的重現度。以超商的例子來說，就是會明白「擴大規模是有效提高獲利的選項之一」。

另外，發現定律將會奠定找出異常值和反曲點的基礎。異常值是用來表示與傾向相異的特徵，反曲點指的則是以往觀察到的傾向改變的分界處，正因為以「照理說通常多半會變成這樣」的定律為基礎，才會曉得它們的存在。為了找出異常值和反曲點，請各位也務必試著尋找通則。

【圖表 3-9】日本各家超商的銷售規模和獲利性（2011 年度）

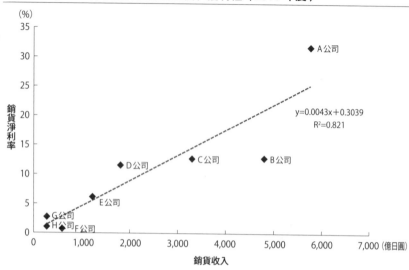

（出處）SPEEDA，作者根據各家公司決算資料製作而成。

■■ 5-2　找出異常值

　　找出異常值是要「找出哪些要素呈現出不同於規則和模式的特徵」。

　　著眼於異常值的好處，就在於異常值本身潛藏著事前無法預測的商機，只要闡明異常值發生的機制，就可以獲得意想不到的商業啟發。

　　前面超商的例子也是如此。就如之前所言，銷售額愈高，銷貨淨利率就愈高，可以當作規模經濟發生作用的模式，但若撇開 A 公司不提，銷售額超過 2000 億日圓之後，B 公司、C 公司和 D 公司的淨利率也會像撞到天花板一樣漲到極限。銷售額在一定以上時規模經濟會難以施展，這種見解也有可能是真的。

　　這樣看來，A 公司拿出的淨利率遠遠高於 B、C、D 公司，與規

律不合，或許反而該當作異常值。A 公司是否用了獨門絕技，跟其他連鎖店不同？這家公司下了什麼樣的工夫呢？將 A 公司的措施與其他公司比較之後，應該就可以獲得啟發，提高獲利。

■ ■ 5-3　找出反曲點

找出反曲點是要「找出急遽變化的那一點，從中可以看到與以往觀察的通則不同的規律」。這裏可以將其含意當作跟俗稱的臨界量（critical mass）和臨界點（critical point）觀念相差無幾。

比方說，我們知道氣溫和其他天候因素會影響各種商品的銷售。許多季節性商品在超過或低於一定的氣溫後會突然大賣，所以零售業不得不對氣溫變化敏感。舉例來說，他們曉得從春天到夏天氣溫上升之際，超過 20℃ 就要開始賣啤酒，超過 26℃ 則要開始賣冰淇淋。這樣的關鍵氣溫就是影響商品銷路的反曲點。

另外，藉由麥爾坎・葛拉威爾（Malcolm Gladwell）的著作[注六]打響知名度的「一萬小時法則」，也可以當作成果對於練習量和經驗量的反曲點。從作曲家、西洋棋棋手、還有披頭四樂團（The Beatles）和比爾・蓋茲（Bill Gates），各個領域的成功人士在那個領域成功之前，要累積練習一萬個小時。拚命累積一萬小時的經驗量會讓成果飛躍提升，是邁向成功的必要條件。這種情況之下，一萬小時的練習量是能否在那個領域成功的分界，可以當作是練習量和經驗量的反曲點。

類似這種量的累積會產生龐大質性變化的觀念，田坂廣志的著作

注六：麥爾坎・葛拉威爾（2009）《異數：超凡與平凡的界線在哪裏？》（*Outliers: The Story of Success*）繁中版由時報文化出版。

【圖表 3-10】最高氣溫與最大用電量的關係（東京電力，2014 全年／平日）

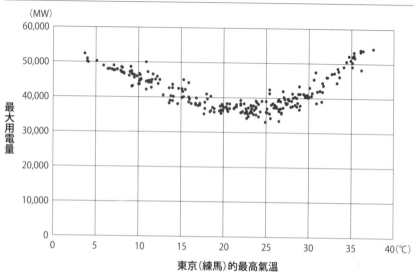

裏 ^(注七) 就介紹過辯證法當中的「質量互變律」（〔law of mutual change of quality and quantity〕量增加到超過一定水準後，就會引發質的變化）。

　　例如水超過 100℃的沸點之後，就會從性質上改變形貌，從液體變為氣體。這就是所謂的相轉移（phase transfer）。同樣的，商務領域當中也因網路發達而驟然降低溝通成本，冒出消費者間商務（C to C）這種新的商業模式，以網路拍賣為代表。另外，大數據（big data）正式成為商務上的話題，自從數據的蒐集和分析成本驟然下滑，大幅改變活用方式就不再是奢求。

　　現在我們就根據實際的數據來看看反曲點。

　　【圖表 3-10】呈現出東京電力（Tokyo Electric Power）一天的最大

注七：田坂廣志（2005）《用得著的辯證法：懂黑格爾就能看出 IT 社會的未來》（暫譯，原名『使える弁証法──ヘーゲルが分かれば IT 社会の未来が見える』）東洋經濟新報社。

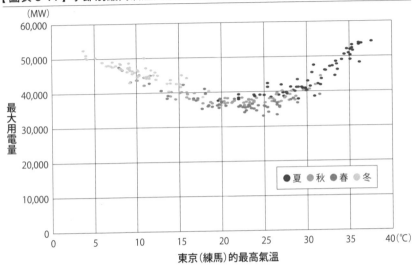

【圖表 3-11】季節別最高氣溫與最大用電量的關係（東京電力，2014 全年／平日）

用電量和東京（練馬區）最高氣溫的關係。

　　從圖表中能夠發現一項模式，那就是最高氣溫幾乎可以決定一天的最大用電量。電力公司為了確保發電設備能夠覆蓋可能出現的最大需求，就會查明決定最大用電量需求的是什麼，這是極為重要的。說到最大用電量，夏日炎炎時期的最大用電量往往會成為話題，但若從一整年來看，冬天的高峰期也跟夏天不相上下。

　　從圖表中能夠明顯看出 20℃和 25℃一帶是反曲點，傾斜度變化很大。由此可以畫分出三個區域，那就是 20 至 25℃的中央區域，即使氣溫改變，最大用電量也變化不大，以及 20℃以下和 25℃以上的區域。這個反曲點意味著什麼呢？決定最大用電量的法則是否有什麼不同呢？

　　【圖表 3-11】是嘗試將同樣一張圖再以季節區分。

　　從氣溫中也可以發現，右邊的區域大部分是夏季，正中央平坦的

【圖表 3-12】時段別最高氣溫與最大用電量的關係（東京電力，2014 全年／平日）

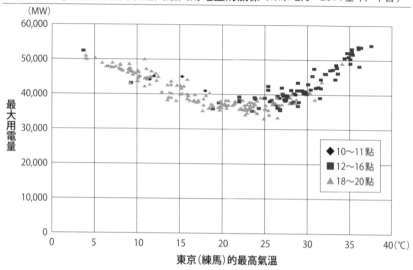

區域是春秋兩季，左邊的趨勢則對應冬季。為了更進一步具體呈現電力運用的方式，而將最大用電量出現的時段畫成圖表（請參考**【圖表 3-12】**）。

　　從這兩張圖表能夠看出，夏季區域當中，隨著白天氣溫上升，空調和其他冷氣需求延長，最高氣溫出現的下午會產生最大需求，反觀冬季區域在日落後，由於氣溫降低，出現暖氣需求和照明需求，於是就產生最大用電量了。由此可知，儘管要應付夏季的最大用電量需求，以日照為關鍵的太陽能發電極為有效，但冬季高峰期的高峰發生在日落之後，就不見得適合這樣處理。

■■ 5-4　透過大數據和機器學習擷取模式

　　最近企業除了使用信用卡或點數卡的購買紀錄、網站瀏覽紀錄之外，還會大量蓄積顧客的其他數據。截至 20 世紀為止，運用分析大

量取得數據要花費龐大的成本。因此，分析的重點會在於如何將獲得的少許樣本數據活用到極限，推測擷取到樣本的母群體（〔population〕本身無法直接測知）屬性是什麼。

　　電視收視率調查就是一個好例子。關東地區約有 1500 萬戶家庭，實際調查所有家庭是否觀賞某個節目幾乎是不可能的。因此，實施收視率調查時要從 1500 萬戶家庭當中擷取 600 戶家庭。或許各位會懷疑，僅憑 600 戶家庭真能了解收視率嗎？正是為了回答這種問題，推論統計學（inferential statistics）才會應運而生。

　　過去，關東地區連續劇中創下最高收視率的，是 1983 年的《積木崩塌：親子的兩百日戰爭》最後一集的 45.3 ％（注八）。究竟 1500 萬戶家庭整體的收視率是多少？只要運用推論統計，就可以估算實際上有多少收視率。

$$收視率的誤差 = \pm 1.96 \sqrt{\frac{收視率（1 - 收視率）}{標本數}}$$

　　使用這個算式，即可知道誤差在 95 ％的置信區間（〔confidence internal〕95 ％的機率下真實值會包含在此區間，這樣解釋就可以了（注九）之下為 4.0 ％。換句話說，就是可以推測真正的收視率在 41.3 至 49.3 ％的範圍內。

　　附帶一提，估算誤差時就算沒記住這則公式，也可以取樣本大小（這裏指調查家庭數）的平方根大致預估。這個計算很方便，請務必

注八：節錄自 Video Research 公司的網站。
注九：正確的解釋仍有討論空間，比方像是 Norm Matloff（2009）*From Algorithms to Z-Scores: Probabilistic and Statistical Modeling in Computer Science.*

【圖表 3-13】機器「學習」的機制

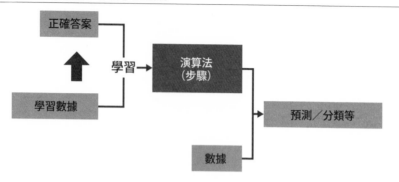

背下來。剛才的例子 600 的平方根約等於 24，誤差大約為 24 件。既然要求出收視率的誤差，那麼算式就是 24÷600 = 0.04，也就是可以輕鬆算出誤差為 4%。

然而，由於 IT 的進步，狀況正在改變。現在花在取得數據上的成本大幅降低，數據從稀有資源變成豐富的資源。

不少企業正在嘗試想要分析龐大的數據（俗稱大數據〔big data〕），從中看出模式加以預測，進而活用數據，掌握特定消費者的嗜好和消費行動促銷商品和服務。

有一種連串的分析方法叫做機器學習，被稱為「機器學習」（machine learning）的一系列分析方法（如【圖表 3-13】所示），能在此類活用中發揮龐大的力量。也可以說，大數據的本質就是在機器學習當中擷取潛藏在數據下的模式。假如沒有機器學習，數據就只是一堆資訊。機器學習是人工智慧的一個分類，另外還有個分類叫做資料探勘（data mining），兩者可以視為幾乎同義。

就如【圖表 3-14】所示，機器學習擅長從數據中擷取模式，大致可以分為「預測」和「發現」這兩項。

「預測」時要用軟體從過去龐大的數據中釐清過去產出和投入

【圖表 3-14】機器學習的擅長範圍

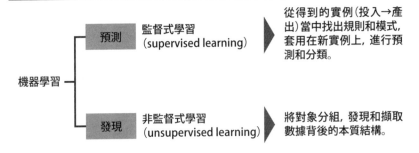

的關係，擷取模式，根據演算法（步驟）針對新的投入進行預測。這也可以說是從過去的知識推估未來。第四章將會談到複迴歸分析（multiple regression analysis）應變量（criterion variable，即產出〔output〕），與自變量（explanatory variable，即投入〔input〕）之間的迴歸式，這正是預測式機器學習之一。從商品推薦、看出新的樂曲是否會紅，以至於電腦象棋和圍棋，運用範圍廣泛。

其實，人類的頭腦可以高度辨識相同的模式。比方說，從見過面的人身上的特徵想起名字，或是從臉上的表情推測對方的情緒，例如是否生氣或開心等，這些也算是高級的模式辨識。

相對的，「發現」則是替研究對象畫分成相似的數據群，發現和擷取數據背後的本質結構。比方依照屬性和購買行動等特徵將顧客畫分為類似的顧客群，這樣的聚類分析（cluster analysis）就屬於發現這個範疇。

以下要介紹的故事來自美國零售業塔吉特百貨公司（Target Corporation）的例子（注十），這就是一個從大量數據分析看穿模式的預

注十：查爾斯‧杜希格（Charles Duhigg）（2012）《為什麼我們這樣生活，那樣工作？》（*The Power of Habit: Why We Do What We Do in Life and Business*）繁中版 2012 年由大塊文化出版。

測能力的實例。

　　「有一次，一名憤怒的父親對著明尼蘇達州的塔吉特百貨公司咆哮：『沒事送孕婦裝優惠券給我的高中生女兒幹嘛！』百貨的經理當場賠罪，但事後父親打電話道歉：『其實我跟女兒好好談過了，她預計會在 8 月生產。』

　　為什麼連家人都不知道女兒懷孕，塔吉特卻能預測得到？原因就在於購物模式。從過去生了孩子的顧客購物紀錄當中，擷取共通的購物模式，架構出懷孕相關的預測模型。比方說，假如有人購買大量的無香料化妝水、維他命與鋅片等營養劑，以及大量的無香料肥皂，就代表預定生產的日子快到了。生了孩子的家庭往往會大量集中購買各式各樣的東西，對超級市場來說會變成很大的商機。只要看穿生產時的購物『模式』，就可以高效打入潛在的目標。」

■■ 5-5　機械翻譯之中的大數據活用

　　號稱大數據，展現大量數據威力的事件之一，就是 2005 年由美國國家標準暨技術研究院（NIST，National Institute of Standards and Technology）主辦的電腦操作翻譯競賽。

　　機械翻譯（運用軟體自動翻譯就叫做機械翻譯）競賽原本始於 2001 年美國國防高等研究計畫署（DAPPA，Defense Advanced Research Projects Agency）計畫的一環。究竟為什麼國防跟機械翻譯會扯上關係呢？

　　其實在 2001 年 9 月 10 日，也就是 9 月 11 日發生恐怖攻擊的前一天，美國國家安全局（NSA，National Security Agency）就竊聽到「戰爭要開始了」「明天開始作戰」的通訊（注十一）。然而，通訊內容是阿拉

【圖表 3-15】翻譯競賽的結果

隊伍	BLEU分數		分數說明
Google		0.5131	人類編輯得出的水準(0.5～0.6)
ISI		0.4657	
IBM		0.4646	了解題旨的水準(0.4～0.5)
UDM		0.4497	
JHU-GU		0.4348	
EDINBURGH		0.397	
SYSTRA		0.1079	不堪使用的水準(0～0.4)
MITRE		0.0772	
FSC		0.0037	

（出處）NIST 2005 Machine Translation Evaluation Offial Results.

伯文，到了隔天 9 月 11 日才開始翻譯，導致這項重要的情報沒能活用在防範未然上。由於這種痛苦的經驗，因此才需要開發翻譯技術，迅速將戰場等地蒐集到的資訊翻譯成英文。

　　競賽給參加者的任務是將一百篇新聞報導從阿拉伯文或中文翻譯成英文。這一年 Google 隊首次參加比賽，就如【圖表 3-15】所示，以優異的表現獲得優勝。雖然是阿拉伯文的翻譯競賽，但其實 Google 隊的成員沒有一個人懂阿拉伯文。既然如此，為什麼 Google 會贏呢？

　　其實以往的機械翻譯軟體是以文法為基礎解析句法結構，相形之下 Google 則採用大量的對譯數據，以統計機器翻譯（SMT，Statistical Machine Translation）面對這場競賽。

　　統計式機器翻譯的方法大致可畫分如下：

　　①根據不同語言間的對譯數據，將阿拉伯文的文章轉換成（不合

注十一：NIST 的網站 "Translation Technology: Breaking the Language Barrier"。

【圖表 3-16】數據分析的五大觀點

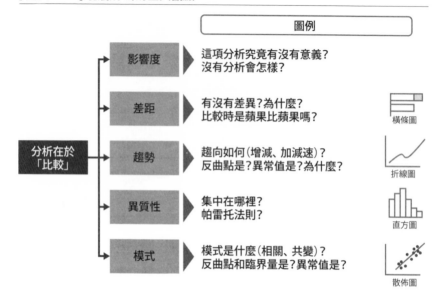

語法的）英文文章（翻譯模型）。

②根據大量的英文文章數據，將不合語法的英文轉換成流暢的英文（語言模型）。

數據方面，Google 使用高達兩億個單字的聯合國（UN，United Nations）文章對譯數據（阿拉伯文、英文），以及高達一兆個單字的英文數據。附帶一提，聯合國的官方語言為阿拉伯文、中文、英文、法文、俄文、西班牙文，會議和其他官方記錄會翻譯成這些語言留存，Google 就用了那些資料。

英文應有的流暢度，要實際從龐大的文章中學習英文單字毗鄰出現的機率，選擇出現機率最高的文章。這時會衡量要往前推算幾個單字，不過數量就算太大，精確度也提高不了那麼多，所以通常會是 2

至 3 個單字。

比方說我們來想一想以下的例子：英文的文章當中，「I think」和「think I」的語序哪個才是自然的英文？這個問題就在於世上的文章當中哪一方的出現機率大。實際用 Google 搜尋「I think」時數量有 8 億 7000 萬個位元，反觀「think I」則是 2 億 8000 萬個位元，由此可知「I think」的排列比較自然（看到的機會很多）。

以往的翻譯軟體都是以規則為基礎的演繹法，相形之下 Google 的方法或許可以當作是以大量數據為根本的歸納法，翻譯前會從大量的數據中擷取層出不窮的模式（這裏指的是支援阿拉伯文→英文，再修飾出英文應有的自然感）。

第三章時我們依序看過了分析之際重要的五個觀點。最後要重新在各個觀點之下，將叩問自己的具體問題和視覺化時的圖表案例歸納為【圖表 3-16】。

章末問題

1 從 2003 年小泉政權時開始，日本政府就展開對策以落實觀光立國，推動赴日旅遊宣傳推進計畫（Visit JAPAN Campaign）和其他針對訪日外國人的政策。

 然而，看了日本國內旅行消費的演變後，就會發現整體不增反減。政府的措施當中有什麼問題呢（提示：請從影響度的觀點來思考）？

日本國內旅行消費的演變

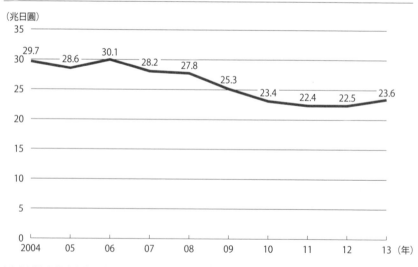

（出處）《旅行觀光產業經濟效果的相關調查研究》（暫譯，原名『旅行・観光産業の経済効果に関する調査研究』）（2013 年版）。

政府落實觀光立國的措施

2003 年　小泉純一郎總理（當時）主持「觀光立國懇談會」

2003 年　啟動訪日旅遊促進事業

2006 年　通過觀光立國推動基本法

2007 年　閣議制定觀光立國推動基本計畫

2008 年　設置觀光廳

2009 年　開始發放中國個人觀光客簽證

2012 年　閣議制定觀光立國推動基本計畫

2013 年　閣議制定「邁向日本再生的緊急經濟對策」

　　　　　召開觀光立國推動閣僚會議

2　從 2010 年起，日本的年輕人就向內發展，對國外失去興趣，不去國外留學，跟以前不同。上述的論調在媒體當中也愈來愈引人矚目。比方像以下的報導就是典型的例子：

　　　「日本年輕人『叛離留學』的現象蔚為流行。就連今年榮獲諾貝化學獎的根岸英一先生呼籲「前往國外」，也是因為確實在美國感受到這一點。從統計當中也能明顯看出，國外留學地點最多的美國，前年在大學和其他高等教育機關學習的日本留學生僅止於 3 萬人，降為 13 年前高峰期的六成。依照費用層面優待的留學規定申請出國的人也在減少中。

　　　反觀美國國際教育研究所（IIE，Institute of International Education）則指出，前年留學生總數為歷來最多。第一名的印度為 10 萬 3000 人，其次依序為中國、韓國和加拿大。日本則名列第五，還比前一年減少約 14%。

　　儘管根岸先生不無諷刺地說『因為日本很舒適』，然而原因應該還不只這樣。就算想去也不能去的情況反而才嚴重吧？

　　比方像『就業』，目前是從大學三年級的秋天起，求職面試正式起跑，待在國外就會落後於人。一旦留學時間拖長，就會在年齡方面處於下風。企業不一定會看重留學經驗等，諸如此類的影響似乎是存在的。

　　雖然也想叫大家拋開那種風險『走出去』，不過向內發展的志向帶來的負面效應將會成為隱憂。至少企業該展現度量，就算政府沒說，也該放寬就業的範圍，讓年輕人能夠寄託夢想在留學上吧？」

　　　　　　　　　　（出處：《京都新聞》2010 年 10 月 16 日）

　　究竟日本的年輕人是否像這篇報導一樣向內發展呢？什麼樣的數據可以證實這一點呢？

3　2002 年，美國的香菸公司菲利普莫里斯（Philip Morris）為了對抗捷克衛生署的主張：「香菸造成的費用會提升財政上的利益。」於是就委託顧問公司分析香菸產生的費用，以及稅收和其他社會利益。以下的圖表就是調查結果。從分析中可知，吸菸者一旦吸菸就會短命早死，省下花在高齡人士身上的年金、住宅和醫療成本負擔額，實質上為國家增加一年約 58 億 1500 萬捷克克朗（以當時匯率換算約為日幣 158 億日圓）。你能接受這項分析嗎？假如分析當中有不自然之處，那會在什麼地方呢？

香菸費用和利益

收入與費用	金額 （百萬捷克克朗）
收入的正面效應	**21.463**
節省支出不必安排高齡人士的住所	28
壽命縮短所節省的年金	196
壽命縮短所節省的醫療成本	968
關稅收入	354
公司稅	747
增值稅	3,521
物品稅	15,648
抽菸相關的公共費用	**15,647**
火災造成的成本	49
死亡率提高後喪失的所得稅	1,367
無法工作而增加的公共費用	1,667
二手菸產生的醫療成本	1,142
一手菸產生的醫療成本	11,422
實質的利益	**5.815**

（出處）顧問公司給菲利普莫里斯的報告（比方像 http://hspm.sph.sc.edu/courses/Econ/Classes/cbacea/czechsmokingcost.html）。

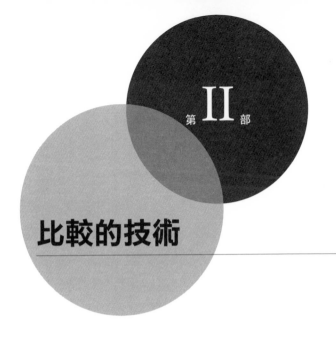

第 II 部

比較的技術

雖然我們已經看到分析在於「比較」，但是數字的數據沒辦法隨便照搬過來比較。想要比較，就需要將數據善加囊括成圖表、數字或算式，簡化比較方式。數據囊括的技巧（分析方法）大致可分為三種：

①嘗試用肉眼觀看來「比較」（圖表）
②嘗試囊括成數字來「比較」（數字）
③嘗試囊括成算式來「比較」（算式）

第 II 部將會依序看到這三種方法。

我們在這之前要稍微繞個圈子，概觀定量數據究竟有哪些種類。數據的種類和分析方法（能用與否）有著密切的關聯。

就如下一頁的圖表所示，量性數據當中的等比數據（ratio data）和等距數據（interval data），都可以計算平均值和標準差（SD, standard deviation），就算在分析時沒有太留心差異也沒關係。

數據的種類與分類

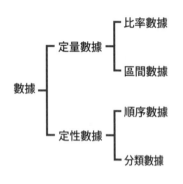

	概要	能用的計算法	範例
長度和重量這些會有絕對的零點，比率上有意義的數據。	四則運算（＋、－、×、÷）皆能用。	金額、長度、重量、絕對溫度。
距離上有意義，比率上沒有意義。	只有加減（＋、－）能用。	溫度（攝氏、華氏）、測驗分數。
順序上有意義，不能視為等距。	大小（＜、＞）比較能用。	顧客滿意度（5：非常滿意、4：滿意……）
為了區別屬性和其他要素的數據（為求方便也可以數值化）。	為求區別而數值化（比方像男是0，女是1），次數計算能用。	性別、職業、血型。

另外，滿分為 5 的滿意度評分（⑤非常滿意、④滿意、③普通、②不滿意、①非常不滿意）的問卷結果，嚴格來說是順序數據（ordinal data），不過實際上往往會當成區間數據來用，對些微的問題視而不見，以顧客平均滿意度的方式取平均值。

單從「數據的種類與分類」這張表格來看，分類數據（categorical data）除了頻度、頻率的計算，無法直接計算，或許大家對它抱持的印象就是難以活用在定量分析上。然而，實務上卻常常藉由類別做比較分析，其中以交叉分析（cross tabulation）為代表。因為類別數據能夠用來拆解和鑑別顧客和其他調查對象（相當於問題解決的步驟當中的 Where?）。

另外，就如後面第六章迴歸分析（regression analysis）一節中所言，類別造成的原因差異可以嵌入在算式中。例如會影響結果的男女性別差異就可以這樣做。而結果本身（比方像通過測驗與否）也可以嵌入在算式中。

第 **4** 章

以肉眼觀察「比較」：
活用圖表

假如要用分析來比較數據，就必須先囊括數據再比較。三個囊括數據的方法當中，首先要看的是用肉眼觀看的方法，也就是透過圖表來分析。

據說人類從外界獲得的資訊中約有 80% 是仰賴運用肉眼的視覺資訊。人類是「用肉眼觀看」的動物。

其實根據研究人員的計算^(注一)，從人類的視網膜傳送到腦部的資訊量為每秒 1000 萬位元，相當於約 50 面報紙的資訊量^(注二)。有一種用在辦公室和家庭的電腦網路叫做 LAN，每秒 1000 萬位元的速度足以與這種規格速度匹敵。

我們的肉眼和腦部擅長處理大量的視覺資訊，非用在分析上不可。

我在快 30 歲的年紀，有機會在芝加哥大學（University of Chicago）商學院度過兩年（按：1993 年獲得該校 MBA 學位）。我修的統計課是由知名統計學家哈利·羅伯茲（Harry Roberts）教授^(注三)負責教學。

我很喜歡他教的課，學到分析技巧和很多寶貴的知識更不在

話下，但至今仍能回想起來的，卻不是艱澀的分析方法。

　　他每次上課時都會反覆強調一點，那就是要先「眼見為憑」（eyeball test）。照理說他是精通各種方法的統計權威，卻再三強調要「使用肉眼」，讓當時的我受到很大的衝擊。

　　其實「肉眼才是最佳的分析工具」。

注一：“Penn Researchers Calculate How Much the Eye Tells the Brain,” Public Release, 26 Jul., 2006, University of Pennsylvania School of Medicine.

注二：1 百萬位元＝ 100 萬 ÷16 位元／字＝ 6 萬 2500 字，報紙為 1 萬 2870 字／面，1 千萬位元相當於不到 50 面的報紙。

注三：2013 年芝加哥大學的尤金・法馬（Eugene Francis Fama，1939 －）教授榮獲諾貝爾經濟學獎。他在美國《財星》（Fortune）雜誌〈我所收到的最佳建議〉特輯當中，提到別人給他最好的建議是從羅伯茲教授的統計課上學到的數據應對法。關鍵不在於單純將數據用在假說檢定上，而是能夠從數據當中學到什麼。

1　肉眼是最佳的分析工具

　　各位至今仍會在某些地方聽到南丁格爾（Florence Nightingale）的名字吧？ 她是活躍於維多利亞時代的女性，影響力僅次於當時統治國家的維多利亞女王（Queen Victoria）。

　　儘管日本稱呼南丁格爾為「白衣天使」，然而她在克里米亞戰爭期間，為了母國英國不分晝夜投入護理，因而成了知名的「提燈天使」（lady with the lamp）。

　　南丁格爾也是「開創近代護理教育之母」。1860 年她開設世界上第一家專業護士培育機構，撰寫兩百冊以上的護理相關書籍和報告。而鮮為人知的是，南丁格爾不只在統計上擁有極為深厚的素養，還強烈意識到運用圖表將數據視覺化的重要性。

　　南丁格爾的名字在克里米亞戰爭中響亮起來。這場戰爭從 1853 年打到 1856 年，發生地點在克里米亞半島。當時俄羅斯採取南下政策，跟鄂圖曼土耳其帝國和支援該國的英法之間掀起戰爭。附帶一提，同時日本正逢幕末當中，1853 年培里（Matthew Calbraith Perry）率領黑船駛入浦賀。

　　1854 年，英國的輿論動盪不安。報導指出克里米亞戰爭的傷病兵被放在極為惡劣的環境下，連醫療用品都持續沒有補給。南丁格爾在陸軍部的請託之下，率領 38 名護士前往土耳其的陸軍醫院，盡力改善醫院的衛生狀況。當時她們奮不顧身的活躍表現，就凝聚在「提燈天使」這個詞當中。

　　南丁格爾在克里米亞戰爭結束回國後，就以南丁格爾基金募集到的高額捐款為本錢，強烈呼籲醫院的衛生狀態和其他醫療改革的必要

【圖表 4-1】南丁格爾的極區圖：克里米亞戰爭的死因結構

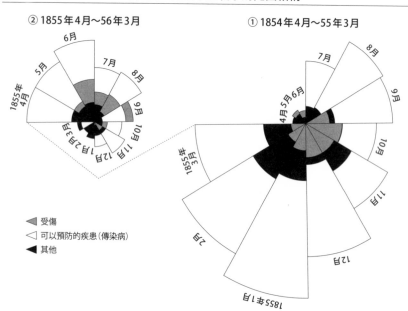

（出處）作者根據 Florence Nightingale（1858）Notes on Matters Affcting the Health, Effiency and Hospital Administration on the British Army 製作而成。

性，以免克里米亞戰爭的疏失再度重演。當時她活用自身的數據分析能力，將實際現象圖表化。

【圖表 4-1】是南丁格爾於 1858 年分析的克里米亞戰爭死因結構。這張圖是圓形圖表（pie chart）的一種，稱為極區圖（polar area diagram），由於南丁格爾用過而知名。雖然圖表的形狀看不大出來，但基本上是從克里米亞戰爭開打時算起的時間序列圖，身亡人數會按死因用面積表示。

從圖表中可以清楚看出，死者多半不是由於戰鬥負傷身亡，實際上反而是醫院的衛生狀態差，因而死於霍亂或其他傳染病。

南丁格爾想要藉此表明醫院的衛生狀態至關重大。而且為了生動

傳達給不熟悉統計的國會議員和官僚，還花工夫透過圖表來呈現。後來這樣的行動讓陸軍內部改善良多，最終拯救了許多條人命。

南丁格爾的這項行動獲得認可，1985 年以女性身分首次獲選為皇家統計協會（RSS，Royal Statistical Society）的會員，1907 年獲頒英國最榮耀的功績勳章（Order of Merit）。

不僅是南丁格爾精心繪製的極區圖，任何圖表都會在數據分析和溝通時發揮龐大的威力。因為人類是「用肉眼觀看的動物」。人類的頭腦會使用肉眼，從見過面的人身上的特徵想起名字，以視覺方式高度辨識模式。既然如此，就該將高超的模式辨識能力用在分析上，所以才會有圖表這種工具。從這個意義來看，「肉眼是最佳的分析工具」。

2 圖表會說話

　　數字不能隨便直接拿來「比較」。簡單比較時最強的工具是圖表。肉眼的資訊處理能力極為高超，用圖表將數據視覺化之後，即可輕鬆理解數據的各種關聯性。所以我們要大膽活用圖表。

　　【圖表 4-2】是建構假說能力運作的步驟，從「透過分析驗證假說」的觀點來看，關鍵除了能夠從圖表解讀出什麼之外（解釋），還有該怎麼把假說（故事）翻譯成圖表。然而，從商學院的課程和企業取向的研修經驗可知，事實上許多社會人士不擅長用圖表呈現想要說的話。以下主要會看到該怎麼用圖表描述想表達的事情。只要能夠用圖表呈現假說，解釋圖表時也會容易起來。

■ ■ 2-1　製作圖表的三個步驟

　　製作圖表的步驟由三個項目所組成。首先要確定假說是什麼，思

【圖表 4-2】將假說「翻譯」為圖表

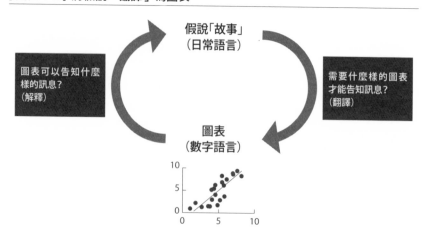

【圖表 4-3】製作圖表的三個步驟

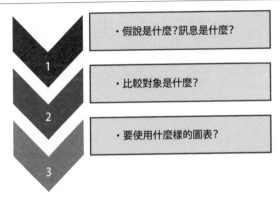

考這個假說當中有什麼樣的比較要素（請參考【圖表 4-3】）。就如先前所言，分析在於「比較」，明確意識到該拿什麼跟什麼比較是相當重要的。釐清比較對象之後，幾乎就可以決定要用什麼樣的圖表因應比較對象了。

比較對象與常用圖表的對應關係就歸納在【圖表 4-4】當中。其實常用的圖表模式並不多，以各位熟悉的圓形圖表、長條圖（bar chart）和折線圖為代表。附帶一提，與其記住種類新穎的圖表，更要緊的是明確意識到該拿什麼來比較，再活用眾所皆知的圖表。

以圖表進行一般的比較（差距）時推薦使用長條圖。就視覺上來說，圓形圖表要比角度和面積，長條圖則是比長短，較為好懂。另外，長條圖當中最好優先選擇橫條圖，而非直條圖。理由在於假如遇到「A4 橫式尺寸」，一般常用的橫式資料，就要衡量到記錄數據的項目名稱時是否方便，用橫條圖就可以看得比較清楚。

趨勢是要比較時間性的數據，一般來說很少用縱軸，多半是以從左到右的橫軸掌握時間的流逝和變化，所以大部分都會用折線圖和直條圖，以橫軸代表時間變化。

【圖表 4-4】依比較對象區分的圖表典型

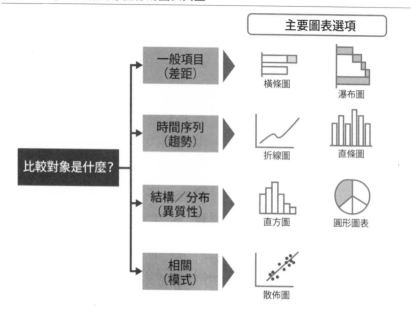

　　觀察構成比和分配（異質性）之際，通常會採用直方圖（也可用帕雷托圖〔Pareto chart〕）或圓形圖表。不過，構成比的時間變化，國際比較或其他橫剖面進行相互比較的時候，一般會使用長條圖而非圓形圖表。長條圖在時間變化之下以橫軸為時間軸，另外，將橫剖面相互比較時，更多以橫條圖形式，不同的橫剖面上下排列，呈現構成比的變化。

　　第四種圖表則是觀察相關時所用的散佈圖。散佈圖是人類偉大的發明，用來呈現兩個變數的關係，所以要將兩個變數的關係畫成圖形時，就可以毫不猶豫地使用散佈圖。

■■ 2-2　以圖表驗證假說：假說一「日本公務員太多」
　　報紙和其他媒體頻繁報導日本肩負國債餘額和國家欠款的問題。

另外我們也經常連帶聽到日本是公務員天堂，公務員制度沒有效率的相關報導和主張。

我們就靠分析來實際驗證「日本公務員太多」的假說吧。

遵循之前的三個步驟之後，接下來就需要明確知道該比較什麼。日文常常省略主詞，同樣也必須弄清楚文章當中的比較對象。假如「太多」，是跟什麼比較才「太多」？這裏會試著以國家為單位談論日本，進行國際比較，也就是跟各國比較時算不算「太多」。

國家的規模各有不同，因此要比較公務員占勞動人口的比率，而不是公務員本身的數量。做分析時比較對象適當與否會極為重要。假如直接拿人數來比，沒有考慮到國家的大小，就會淪為蘋果比橘子。

我們要依照以上說明，鄭重寫下想要驗證的假說。以這裏來說就是「日本公務員占勞動人口的比率較各國為多」。

比較對象為「一般項目」，要從剛才的圖表選擇一覽表當中採用橫條圖。由於是國際比較，所以要從經濟合作暨發展組織（OECD）的出版品蒐集資料。

就如【圖表 4-5】所示，嘗試製作圖表之後，大小關係就一目了然了。2008 年的時候，調查對象有 30 個國家，其中日本公務員占勞動人口的比率為 7.9%，由此可知別說是人多，其實數量是最少的(注四)。

■■ 2-3　以圖表驗證假說：假說二「富豪會長壽」

我們就用圖表衡量一下經濟的富足與壽命的關係。經濟的富足和壽命有什麼樣的關係呢？富裕之後衛生狀態和營養狀態就會改善和

注四：公務員的定義會依是否包含獨立行政法人而異，因此也有人對結論提出不同意見。

【圖表 4-5】2008 年日本公務員（一般政府機關＋公共企業體）**占勞動人口的比率**

國家	數值
日本	7.9
智利	9.1
巴西	9.9
墨西哥	10.0
紐西蘭	11.7
土耳其	12.0
西班牙	12.9
德國	13.6
義大利	14.3
瑞士	14.5
美國	9.9
澳洲	9.9
以色列	16.5
愛爾蘭	9.9
盧森堡	17.6
英國	18.6
加拿大	18.8
斯洛伐克	19.3
捷克	19.4
匈牙利	19.5
希臘	20.7
荷蘭	21.4
波蘭	21.5
愛沙尼亞	22.4
斯洛維尼亞	22.7
芬蘭	22.9
法國	24.3
俄羅斯	30.6
丹麥	31.5
挪威	34.5

橫軸：0.0　5.0　10.0　15.0　20.0　25.0　30.0　35.0　40.0 (%)

（出處）Government at a Glance 2011, OECD.

按：公共企業體是以經營公共事業為目的，由國家出資設立的法人機構。

長壽嗎？ 還是說反而會變得奢侈浪費，壽命縮短呢？

　　這裏就以「經濟愈富足就愈長壽」為假說，實際用數據來驗證。究竟該比較什麼才好呢？「愈怎樣就愈怎樣」的表達方式，其實就是要比較兩個變數，相當於先前圖表選擇一覽當中寫到的「相關」（關於相關，後面會在囊括成「算式」的迴歸分析部分詳述）。接著要從一覽表當中選擇「散佈圖」。

【圖表 4-6】 平均每人國內生產毛額與平均壽命的關係（2012 年）

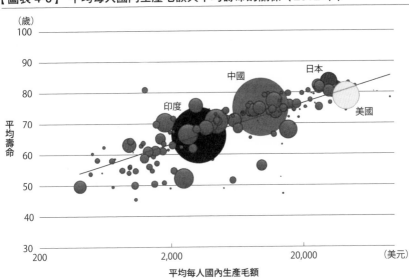

（出處）作者根據 Gapminder World 的數據製作而成。

　　那麼我們就實際比較一下富裕和壽命這兩個要素的關係。選擇比較的單位時，下至個人上至國家各種層級都可以挑，這裏則要以數據取得的容易度，看看以國家為單位時經濟的富足和壽命的關係。

　　【圖表 4-6】是將平均每人國內生產毛額（GDP，per capita gross domestic product）當成國家富足的指標，再將平均壽命（出生後平均期望能活幾年，以零歲為平均餘命）當成壽命指標，製成圖表。圖表的圓圈大小代表各國的人口規模。

　　從圖表中可以清楚看出，大多數國家在經濟變得富足之後，平均壽命就會延長，呈往右直線上升的關係（統計領域上稱為相關或共變）。圖表似乎是在透露「富裕的國家就能長壽」。

　　其實這項數據是將以下網站的數據用 Excel 畫成圖表。網站當中其實可以追溯到過去兩百多年富足與平均壽命的關聯性。麻煩各位從

【圖表 4-7】 修女自傳的正面用詞數量和調查時（80 歲左右）的死亡率

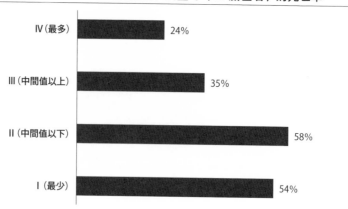

以下的網址進入網站，再點畫面下方的「Play」。這樣就可以從圖表的變化中清楚發現，工業革命之後經濟發展對各國平均壽命帶來的影響。

資料來源：Gapminder World（http://www.gapminder.org/）

■■ 2-4　以圖表驗證假說：假說三「幸福就會長壽」

亞里斯多德（Aristotle）說過人生最終的目標在於幸福。幸福有什麼好處呢？比方說，幸福就會長壽嗎？

這裏就以「愈幸福就愈長壽」為假說，用數據來驗證一下。假如要製作圖表，該怎麼比較幸福層次的差異，將會導致壽命有什麼樣的不同呢？

注五：Danner, D. D. et al.（2001）"Positive Emotions in Early Life and Longevity: Findings from the Nun Study,"*Journal of Personality and Social Psychology* 80: 804 -813.

　　關於這點有個有趣的研究[注五]。研究人員查閱美國 180 名修女進入修道院時撰寫的（平均年齡 22 歲）自傳內容，依照自傳使用多少正面用詞畫分為四組，再調查她們往後的人生。從 1930 年進入這所修道院的女性，院方會要求她們必須將以往的自傳歸納成一頁。

　　從【圖表 4-7】的結果可知，經常用正面詞彙形容自己一生的人，顯然比其他小組還要長壽。

3 藉由分析發揮力量的圖表

　　圖表以雄辯的數字語言著稱，什麼樣的圖表會以多大的頻率用在實際的商務中呢？

　　難道沒有相關數據指出商業脈絡之下運用圖表的實際狀況嗎？雖然稍微找了一下，但其實沒能順利發現優質的數據。

　　這時就只能像第二章蒐集數據當中所講的一樣自行蒐集。說穿了，沒有的話就自己找。

　　假如能有擅長製作圖表的人編纂資料（比方像顧問的報告），蒐集起來再分析就好了，不過充滿客戶祕密的報告照理說很難取得。衡量過替代方案之後，就決定調查顧問公司針對外界發表的論文如何運用圖表。這時要注意的不是顧問報告本身，而是顧問本人想要傳達的事情會用怎樣的圖表呈現。其中應該會有相似的模式。

　　麥肯錫（McKinsey & Company）每季發行的刊物《麥肯錫季刊》（McKinsey Quarterly），兩年半（2012 年第 4 期至 2015 年第 1 期）共 10 冊分量的論文，裏頭使用的圖表我統統蒐集起來，嘗試分析使用目的（觀點）和圖表的模式。使用的圖表總共有 151 張，分布就如【圖表 4-8】所示。

　　圖表的類型以長條圖居壓倒性居於首位，直條圖和橫條圖加起來總共有 62％。假如猶豫要選什麼樣的圖表，首先該考慮的就是長條圖。實際上，將直條圖和橫條圖合併使用之後，模式以外的觀點幾乎都能涵蓋。從這個意義上來說，或許稱得上是萬用圖表。另外我們也知道長條圖當中還有橫條圖和直條圖，橫條圖使用的機會比直條圖多了五成多。

【圖表 4-8】《麥肯錫季刊》使用的圖表種類

觀點	橫條	直條	圓	線	點	其他	合計
差距	47	13	1	4		3	68
異質性	8	16	9	4		2	39
趨勢		9		14		1	24
模式					17	3	20
合計	55	38	10	22	17	9	151

　　包含 WF4　　包含 WF1　　　　　　　WF →瀑布圖

　　另一方面，從每個觀點思考時，什麼樣的圖表使用機會才多呢？從數據中可知，假如有差距就用橫條圖，假如有異質性就用直條圖，趨勢是折線圖，而若有模式的話則為散佈圖。

　　剛才以圖示介紹的圖表當中，除了各位常見的直條圖、橫條圖和圓形圖表之外，還有幾種圖表能夠增進各位的圖表表達能力（直方圖、帕雷托圖、瀑布圖、散佈圖），讓我們再一起看看吧。

■■ 3-1　直方圖

　　直方圖（次數分配表）屬於長條圖，橫軸為想要觀察分布的變數，縱軸則是頻度（數據的個數）。繪製時長條的面積會與次數為正比，能以更為視覺的方式了解數據整體的「異質性程度」。

　　假如數據的分配呈吊鐘型左右對稱，還有代表整體的平均值，以及表示離散（dispersion）的標準差，就可以大致掌握分布的狀況。我們往往會在無意識間設想成左右對稱的分布，改都改不掉，但其實世上的分布就如第五章【圖表 5-4】金融資產的分布，或是地震規模的分布一樣具有偏向，高峰處有一個以上，而不是左右對稱。

　　另外，平均數和標準差是相當好用的數值，但另一方面，簡化原

【圖表 4-9】 從 1871 至 2010 年 140 年來美國股票的逐年報酬率（標準普爾 500 指數）

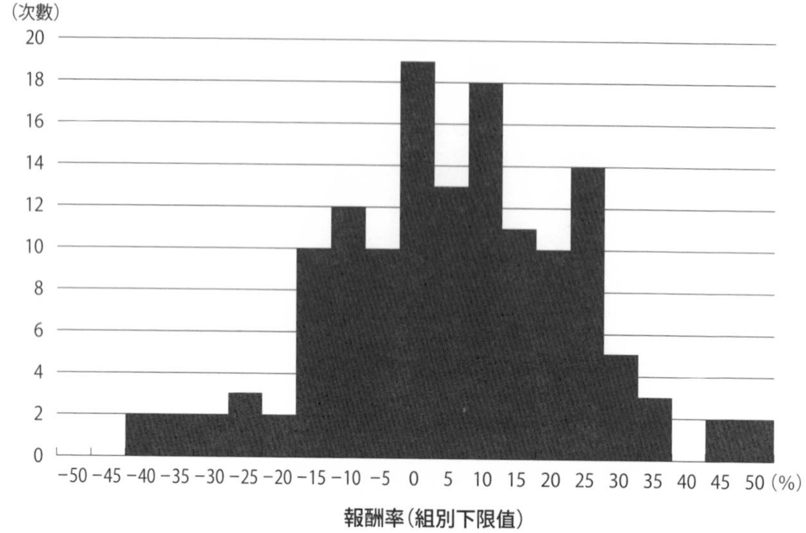

（次數）

報酬率（組別下限值）

（出處）作者根據耶魯大學（Yale University）羅勃・席勒（Robert Shiller，1946 －）博士的數據製作而成。

始數據的過程中會捨棄資訊，這也是事實。因此，關鍵在於實際用肉眼觀看，檢視分布的偏向、異常值的存在，以及其他數據離散的狀況。

　　【圖表 4-9】 是 140 年來美國股票的逐年報酬率分布，由此可知分布大致上呈左右對稱，以平均值 8％為中心。從這張報酬率的直方圖可以發現，2008 年雷曼兄弟（Lehman Brothers）事件的報酬率－38.7％在分布上位於最下限，也就是說從分配來看，這種現象 140 年才出現一、兩次。

　　直方圖將數據的分布視覺化，告訴我們分配的偏向和異常值的存在，但分布的型態本身也可以運用，就像用指紋識別對象一樣。這是怎麼辦到的呢？

　　其實文學作品的領域當中，誰是真正的作者經常成為爭議的箭靶。比方說，相信大家不會懷疑《羅密歐與茱麗葉》（*Romeo and*

Juliet）和《李爾王》（*King Lear*）是莎士比亞（William Shakespeare）的作品吧？然而，從 18 世紀以來，就不斷有人主張莎士比亞的名作一定是其他人寫的。

其中一個原因在於莎士比亞的人生歷程不見得有足夠的相關歷史證據，從莎士比亞的作品看到的地理、外文和政治的高度知識水準和豐富的詞彙，跟莎士比亞受過的教育等級兜不起來。

比方說，我們要以定量方式驗證以下的主張：「莎士比亞的作品一定是同時期活躍的法蘭西斯・培根（Francis Bacon），以莎士比亞這個假名創作的。」這時該怎麼做才好呢？

其實眾所皆知，作家用英文撰寫作品之際，每個作品使用的單字長度分配，會依作家而有不同的傾向。比方說，有的人往往會使用較長的單字，反觀有的人則喜歡盡量縮短單字。因此，只要查驗作品單字長度的分配，就可以運用分配的型態，像是那名作家固有的指紋一樣。

【圖表 4-10】是實際比較培根和莎士比亞作品的單字長度分配。通常直方圖多半會畫成直條圖的樣子，不過為了方便比較分配，於是就繪製成折線圖了。

從直方圖的高峰處不同可知，顯然莎士比亞常用四個字母的單字，而培根則經常用三個字母的單字。實際上這樣的差異是偶然發生，不常出現嗎？儘管在統計學上需要追究其機率，但從結論而言，透過分析可以看出這不常出現。因此我們會曉得，至少培根似乎沒有寫過莎士比亞的著作。

剛才看了直方圖的使用方法，接下來也要看看使用這種圖表時的難點。

我們要知道，假如直方圖所取的組距不同，即使以同樣的數據繪

【圖表 4-10】莎士比亞與培根的單字長度分配比較（直方圖式的折線圖）

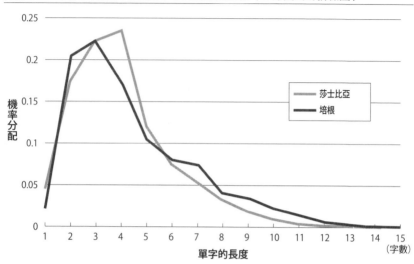

（出處）Oleg Seletsky et al.（2007）"The Shakespeare Authorship Question," Dartmouth College, Dec. 12.

製，形狀也會改變。該怎麼取組別數和組距，就成了繪製上的難題。

　　若要談到究竟想藉由繪製直方圖做什麼，那就是從樣本數據的分配當中，了解數據背後的「真正分布」。從擷取成樣本而數量有限的數據當中，推估原始分布的形狀。為了達成這個目標，就要有公式能夠求出建議組別數，藉由「適當」的形狀觀察近似於真正的分配。其中具代表性的例子就是「史塔基法則」（Sturges' rule）。

　　假設樣本數為 n，「適當」的組別數 k，那麼 k 要取使 2 的次方達到 n 以上的值加 1[注六]。比方說，要是樣本數為 30，就是 2 的 5 次方等於 32，要求出的 k 就是 5 ＋ 1 ＝ 6。

　　以下所計算出來的組別數能夠對應到典型的樣本數，僅供參考。

注六：更正確的公式是 k ＝ 1 ＋ $\log_2 n$。Excel 的函數會計算成 LOG（n, 2）＋ 1。
　　　假如有尾數就進位到個位數，這樣就可以計算組別數。

從計算當中也可以看出，透過公式求出的組別數不會急遽增加。比方說，假如樣本數在 50 到 100 之間，組別數也會在 7 或 8 左右。

這裏所指的「適當」組別數究竟是什麼？舉例來說，假設我們想知道日本各個年齡的人口分布（人口金字塔）。雖然只要像人口普查一樣，調查全體國民就可以知道正確的人口分布，但我們想要隨機取樣出 100 人的年齡數據，藉此將日本整體的人口分布（人口金字塔）掌握到某個程度。

假如所取的組距狹窄，比方像是繪製分配時以一歲為單位，分布就會因為樣本稀少而凹凸不平，形狀看起來不平滑。反之要是組距極為寬闊，取 20 歲為單位，團塊世代人口分配上的高峰就會遭到埋沒（按：團塊世代指出生於二戰之後的嬰兒潮一代，橫跨期間少於 20 年，所以組距太大會被掩蓋）。

組距的擷取方式會大幅改變結論，那麼組距該取多大，直方圖的形狀才會看起來很平滑，接近「真正的分布」（這裏要麻煩各位當成樣本數相當多的分布）？這就是所謂的「適當」。

史塔基法則[注七]會提供建議組別數，以平滑的形狀讓人看到近似於真正的分配，請各位這樣理解就行了。最好是把這當作大致的標準，實際改變組別數（約在 5 至 10 左右的範圍）繪製圖表，再檢視分配的凹凸如何呈現。

注七：除此之外還有其他公式，例如史考特（Scott）的公式：
組距＝3.5×（樣本標準差）× 樣本大小 1/3
只不過，這裏的標準差是用樣本數－1 來除。

樣本數	用史塔基法則 求得的組別數
10	5
50	7
100	8
200	9
500	10

■■ 3-2　瀑布圖

瀑布圖[注八]是由多個結構要素組成的圖表，各要素明細就像瀑布一樣呈階梯狀。透過這種排列和呈現，結構要素當中哪個部分所占的比例大，時間變化的因素當中哪個比較大，這類問題的答案就能表達得簡單易懂。單單比較結構時也可以用圓形圖表，但當負面因子蘊含在要素當中，或是隨時間有所變化，用圓形圖表就難以呈現，於是就輪到瀑布圖出場了。

瀑布圖要分解變化和結構，再繪製成相當長的圖表。這種圖表在顧問的報告上比較常看到，不過通常卻很罕見。

【圖表 4-11】是豐田汽車 2013 年度合併營業淨利與上年度的比較。從圖表中可以看出日圓貶值的影響很大，足以說明豐田雖然在擅長的改善成本上也有貢獻，不過增加的 9713 億日圓營業淨利當中，幾乎有 9000 億日圓都是日圓貶值匯率變動的影響。附帶一提，2013年度的期初對美元匯率為 93.89 日圓，到了年度末則波動為 102.85 日圓，貶值幅度約 10%。

注八：關於這種圖表的重要性，伊森・雷素（Ethan M. Rasiel）（2000）曾在《專業主義：麥肯錫的成功之道》（*The McKinsey Way: using the techniques of the world'top strategic consultants to help you and your business*，繁中版由美商麥格羅・希爾出版）當中描述如下：「假如要問前麥肯錫人在圖表方面學到了什麼東西，每個人都會談到瀑布圖。」

【圖表 4-11】豐田汽車合併營業淨利的變化原因

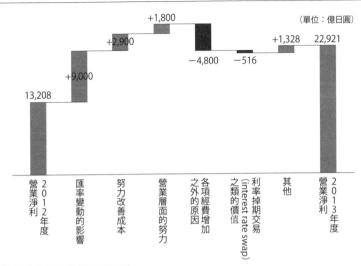

（出處）根據豐田汽車 IR 資料製作而成

■■ 3-3 帕雷托圖（Pareto chart）

帕雷托圖是為了活用宣稱「世間偏頗不公」的「帕雷托法則」而生，各位可以把這當成將因素依照次數由多到少排列的直方圖。為了偏向的狀況會呈現得更明確，在常規的直方圖上，以折線圖一併標上累積構成比。

19 世紀義大利的經濟學家帕雷托，發現 80％義大利的土地由 20％的人口持有。就如多次說明的一樣，帕雷托法則又稱為 80/20 法則，講的是「各種現象當中，約有 80％的結果是從 20％的原因中產生」。用一句話來形容，就是「世間偏頗不公」。

實際上是怎麼樣呢？ 會偏頗到什麼程度呢？【圖表 4-12】會看到日本金融資產依家庭歸類的分配情況，可以發現排名前 20％的家庭持有幾乎全體略少於六成的資產。

【圖表 4-13】看到的則非資產，而是美日兩國過去 125 年來排行

【圖表 4-12】日本家庭別純金融資產的分配（2013 年）

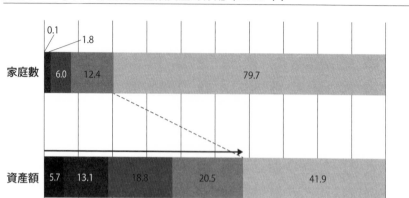

（出處）根據野村綜合研究所的新聞稿製作而成。

前 1％所得收入比率的演變。二戰之前，美日兩國排行前 1％的人會獲得整體收入的 15 至 20％，差距極為龐大。不過我們可以發現戰後美日兩國減到將近一半。然而，最近美日兩國的收入差距又再度擴大，尤其是美國，可以看出它正在回到近似於戰前的狀態。

　　只要活用這種偏頗，聚焦在最集中的地方，高效拿出成果即可。自古以來，帕雷托法則本身就被視為經驗法則活用在多方面上，單憑這項法則就足以寫成一本書。

　　商管領域當中也會遇到經營資源受限的狀況，想要聚焦在集中的因素，進而拿出最大限度的結果，就要活用在諸如零售之中的鎖定暢銷貨和品質管理上。就如具代表性的超商銷售時點情報系統分析，為了將有限的店舖面積活用到極致，就要使用帕雷托圖裁撤滯銷貨，鎖

【圖表 4-13】美日兩國所得排行前 1% 所占據的比率（資本利得除外）

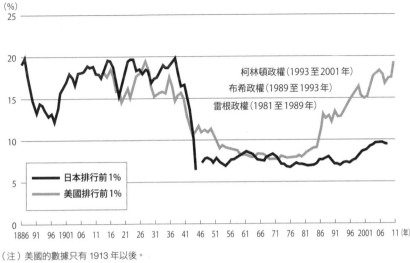

（注）美國的數據只有 1913 年以後。
（出處）作者根據 The World Top Incomes Database 製作而成。

定暢銷貨進行分析。

　　另一方面，沒有物理限制的網路商店，即使撇開最暢銷排名的前 20％（頂頭）不論，剩餘商品（末尾）的銷售額與利潤也比頂頭的商品來得大，這裏會稱之為長尾效應（〔the long tail〕，請參考【圖表 4-14】）。也就是我們所謂的「聚沙成塔」吧？

　　帕雷托圖會依數量大小羅列要素，藉由一覽的方式呈現占整體重要性的大小，各個項目的排行和累計值。比方說，【圖表 4-15】的品質管理案例當中，就可以傳達出以下的訊息：「焊接不良和配件損壞占了瑕疵品出現原因的八成，該優先從這裏下手。」

　　統計當中要學習的代表性分布是如第五章【圖表 5-9】的吊鐘型分配：常態分布（normal distribution）。眾所皆知，像是考試成績的分配和身高的分配就依循常態分配。以往人們會談論許多自然現象和

【圖表 4-14】帕雷托法則與長尾效應

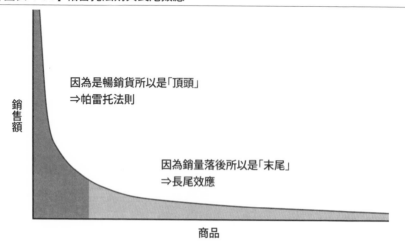

因為是暢銷貨所以是「頂頭」
⇒帕雷托法則

因為銷量落後所以是「末尾」
⇒長尾效應

銷售額

商品

【圖表 4-15】依出現原因區分的瑕疵品數

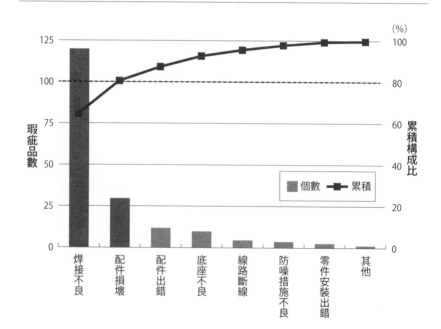

【圖表4-16】時間序列數據的要素（模式圖）

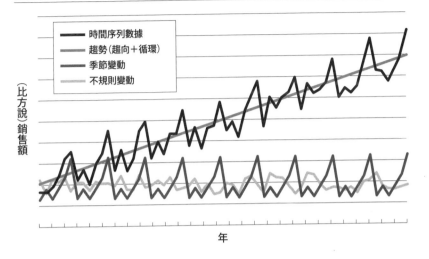

（比方說）銷售額

年

社會現象是否遵循常態分布，但在大數據的世界裏，其實帕雷托法則
當中具有代表性的多半是帶有偏向的分布（像是遵循冪定律的分布），
依循常態分布的分配反而比較特殊。這種帶有偏向的分布也有其特
徵，跟常態分布相比時尾部較厚，跟吊鐘型的常態分布相比，出現極
端值的機率會很大。

■■ 3-4　時間序列圖

　　時間序列圖是將數據的時間序列變化繪製成圖表。以銷售額的變
化為首，這在商務當中也是常用的圖表之一。要觀察所持有的數據
時，橫軸 x 軸就代表時間，縱軸 y 軸則是銷售額的變化（請參考【圖
表 4-16】）。

　　雖然通常會以直條圖或折線圖來呈現，但在羅列和比較多個數據
時，一般而言會用折線圖表示，而非直條圖。另外，折線圖不用做記
號，用實線而不以虛線呈現，對視覺的負擔較少，能夠看得比較清楚。

究竟分析時間序列數據是為了什麼？主要目的就只是想分析過去的數據預測將來對吧？因此，無論如何，剛開始該做的都是將時間序列數據畫成圖表，進行視覺化工作。

還有，這時該注意圖表的哪一點呢？

其實一般來說，時間序列數據包含以下四個要素：

趨勢變動：用來表示長期來看需求是否有成長的趨勢。

循環變動：指的是如景氣循環一樣，以幾年到幾十年為單位的不規則週期下重複變動。

季節變動：指的是一年當中在氣候或制度等層面的影響下具有週期，會呈現高峰的變動。

不規則變動：無法用以上三種變動來說明的隨機變動。

其中，趨勢變動和循環變動有時會以趨勢循環變動的名義歸納和處理。這裏也要當成廣義的趨勢歸納與處理。

這些變動分別具備不同的意義，關鍵在於分析時要盡量分開來考慮。尤其是從預測的觀點來看，趨勢會變得很重要。首先，要著眼於趨勢進行預測，假如有必要就在衡量時增添季節變動或其他變動。

除了趨勢之外，從時間序列圖當中擷取管用的脈絡加以解釋的觀點來看，遠遠脫離趨勢的異常值和趨勢在變化的反曲點，這兩個都很重要。假如要精準預測，掌握趨勢這股大潮流也很重要，不過解讀異常值和反曲點這類些微變化的預兆更要緊。比方說，像是某個跟商務有關的大型「制度變更（比方像限制大幅放寬）」，或是「進行畫時代的技術開發」，異常值和反曲點往往會帶有某種意義。

趨勢也可以用肉眼從圖表中掌握和估算，再拿尺畫出延長線，不過使用迴歸分析（Excel 圖表當中的趨勢線〔將傾向單純化〕功能）

就能以更為簡單和客觀的方式掌握趨勢。

　　比方說，我們來想想看要怎麼回答以下的問題：「地球正在暖化嗎？」「假如再這樣暖化下去，百年後氣溫會上升多少？」

　　首先要畫出類似【圖表 4-17】的時間序列圖，連用肉眼看都會發現到上升的傾向。那麼，上升幅度會有多大呢？用滑鼠右鍵點選 Excel 圖表上的數據，再點選「＞加上趨勢線＞線性」。這時也要點選「圖表上顯示公式」和「圖表上顯示 R 平方值」。

　　照理說結果就會如【圖表 4-18】所示。

　　從標示在圖表上的算式斜率中，可以知道趨勢是平均每年氣溫上升 0.0068℃。假如這個趨勢持續下去，變成 100 倍之後，就可以預估百年後平均氣溫約上升 0.68℃（注九）。

　　觀察趨勢之際有兩種眼光很重要，一種是觀看近期趨勢的蟲眼，

【圖表 4-17】世界整體平均氣溫的演變（1891 至 2011 年）

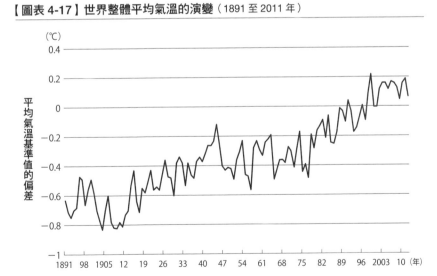

（注）基準為 1981 至 2010 年這 30 年的平均 。
（出處）作者根據氣象廳「世界年平均氣溫偏差（℃）」的數據製作而成。

【圖表 4-18】世界整體平均氣溫的演變（1891 至 2011 年）

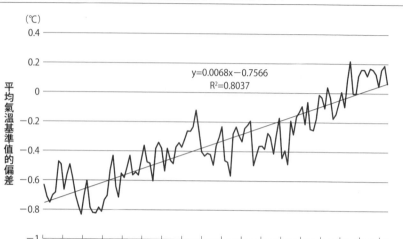

$$y=0.0068x-0.7566$$
$$R^2=0.8037$$

（注）基準為 1981 至 2010 年這 30 年的平均。
（出處）作者根據氣象廳「世界年平均氣溫偏差（℃）」的數據製作而成。

另一種則是盡量觀看長期趨勢的鳥瞰。

　　關於這一點，參與撰寫二戰停戰詔書的陽明學家安岡正篤（按：陽明學是由明代王陽明創立的儒家學說，後來傳播到日本，發展出自成一流的思想觀念），曾就掌握事物本質的祕訣提出以下三點：

　　① 不要短視近利，盡量以長遠的眼光看待事物。

　　② 不要只看到事物的一面，要盡量以多方面、全方面觀察。

　　③ 遇到任何事都別受旁枝末節的干擾，從根本處衡量起。

_____

注九：類似這種將氣溫代入應變量，將年份代入自變量的情況，就叫做簡單迴歸分析（simple regression analysis）。關於簡單迴歸分析將會在第六章重新詳述。

【圖表 4-19】過去 45 萬年南極的氣溫變化

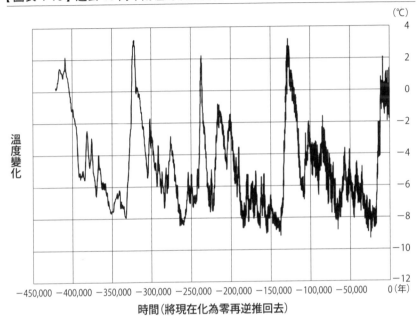

（出處）J. R. Petit et al., "Historical Isotopic Temperature Record from the Vostok Ice Core," in *Trends: A Compendium of Data on Global Change*, Carbon Dixide Information Analysis Center, Oak Ridge National Laboratory, U.S. Department of Energy.

　　其中的第一點正是在強調長期的觀點，也就是鳥瞰的重要性。

　　我們就再以長期的觀點看看剛才的地球暖化變化吧。【圖表 4-19】是從南極冰塊的數據呈現南極歷時 45 萬年的氣溫變化。從圖表中可以看出幾乎 10 萬年一個循環，地球會反覆遇到大幅度的暖化和冷化。儘管從剛才的圖表中解讀出最近有暖化的傾向，不過以更為長期的循環來看，或許是處在長期冷化的開端。

　　比較幾個時間序列資料的趨勢之後也能有所發現。【圖表 4-20】是將成年男性平均身高依出生年代歸類，橫跨將近兩百年的全球性比較。單從身高的成長趨勢來看，這百年來美國、西歐和日本的斜率比其他地區來得陡急，而且形成近似於平行的型態。可以推測或許是經

【圖表 4-20】以出生年代畫分的平均身高演變（男性）

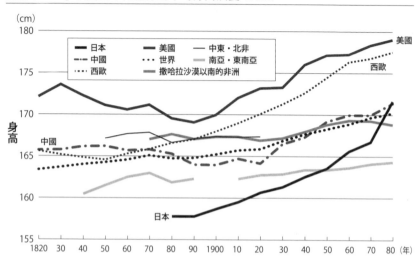

（出處）OECD（2014）*How was Life?: Global Well-being since 1820*, OECD Publishing.

濟成長，以及隨之而來的營養攝取狀況變化影響所致。將近這 50 年來，幾乎所有地區的身高都在成長，然而我們也發現薩哈拉沙漠以南一帶，其他地區的身高反而在降低當中。

　　從趨勢以外的比較當中會發現一件有意思的事情。明治時代（1868-1912）初期，日本人的身高遠低於世界各國，平均身高未滿160 公分。大多數時期日本人與美國人的平均身高相差了十幾公分。

　　這段差距究竟有多大呢？現在日本人的身高標準差為 6 公分左右，只要使用第五章第二節講解的二標準差原則（two standard deviation rule），就可以估算出平均美國人的身高在日本人當中約只有2.5％左右，屬於身材極為高大的那一型。相反的，因為同樣是東方人而常被拿來相提並論的中國人，但在幕末時期（1853-1868）的身高反而超過歐洲人，這一點也讓人吃驚。

■■ 3-5　散佈圖

散佈圖是橫軸和縱軸取不同變量，將數據標示在圖上，以觀察兩個變數的關聯性。儘管圖表的歷史悠久，但在很長時期裏都只能呈現單一變量。1833 年約翰·赫歇爾（John Herschel）的論文第一次提到用散佈圖比較兩個變數（注十）。只不過，散佈圖這個詞是從進入 1900 年代之後才用在統計領域上。

根據統計學家愛德華·塔夫特（Edward Tufte）的說法，科學領域中的圖表有 70 至 80％使用散佈圖，其實散佈圖在為數眾多的圖表當中相當重要，我個人愛稱散佈圖為「圖表之王」。從散佈圖以科學領域為中心的使用頻率，以及帶給圖表的衝擊來看，是重要性最高的圖表之一。

商管領域方面，《哈佛商業評論》（HBR，*Harvard Business Review*）是哈佛商學院出版的著名商管雜誌，全球有許多企業家訂閱。《哈佛商業評論》的編輯在 2011 年 12 月號中，從眾多商管領域的圖表當中，選出五個（注十一）改變策略世界觀的圖表。這五個圖表當中的兩個分別是經驗曲線（experience curve）和成長／市占率矩陣（growth-share matrix），竟然都是「散佈圖」（詳見第六章第二節最後的專欄）。

散佈圖跟其他圖表有什麼不同？目前這一章談到的圖表除了時間序列圖之外，基本上都跟一個變數有關聯，散佈圖卻能將兩個變數間的關係視覺化，這一點是很大的特徵。

注十：Michael Friendly and Daniel Denis（2005）"The Early Origins and Development of The Scatterplot," *Journal of the History of the Behavioral Sciences* 41（2）：103–130, Spring.

注十一：依序為成長／市占率矩陣、破壞性創新（disruptive innovation）、經驗曲線、五力分析、市場金字塔（market pyramid）。

透過散佈圖可以做到以下的事情：

- 從傾向了解兩個變數之間的相關，推測原因和結果的關係和兩個變數間的其他關聯性（比方像是能夠藉由推論結果和原因間的機制預測未來）。
- 對整體數據分組。這種情況下要確實從數據的分布中分組，找出新發現，或是依照某個規則，將散佈圖上的數據視為 2×2 的矩陣再分類。

從相關推估因果關係

經濟富裕會對汽車和其他交通工具的基礎設施帶來什麼樣的影響？我們就用散佈圖來看一下。【圖表 4-21】是以散佈圖呈現平均每人國內生產毛額和汽車普和狀況的關係。橫軸是將平均每人國內生產毛額當成經濟富裕的指標，縱軸是汽車、公車、貨車和其他四輪車平均每千人持有輛數。只要使用前面提到的 Gapminder 就能輕鬆描繪。

從圖表當中可知，隨著經濟變得富足，汽車也會逐漸普及。這項數據是 2007 年的一個斷面，究竟能否藉由這層關係，解釋日本從過去以來的變化呢？

【圖表 4-22】是在同一張圖表當中疊上日本將近 40 年來的變化，可以發現日本 40 年間的變化幾乎都沿著圖表上的趨勢線。由此似乎就能以經濟富裕為基礎，大略說明汽車持有數的變動，同時預測將來。

比方說，中國境內的汽車普及化會怎樣隨著經濟發展邁進？從這張圖就可以解讀出未來的形貌。換句話說，從兩個變數的關聯性就可以預測未來。

【圖表 4-21】平均每人國內生產毛額與汽車持有輛數（2007 年）

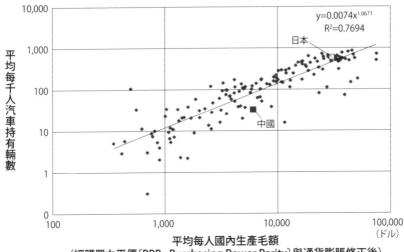

【圖表 4-22】平均每人國內生產毛額與汽車持有輛數的關係

（2007 年，追加日本 1966 至 2009 年的變化）

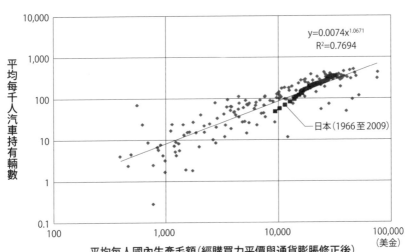

【圖表 4-23】事業投資組合

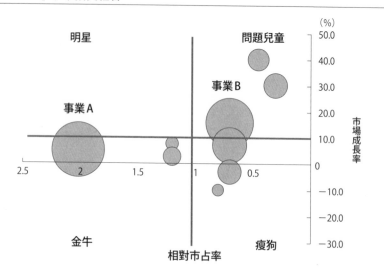

描繪散佈圖之際，尤其是能夠推測有沒有因果關係時，通常 X
軸要配置原因類（投入）的數據，Y 軸則配置結果類（產出）的數據（像
交叉分析一樣用表格填寫數據之際，位在圖表左邊的表側要配置原因
類，位在圖表上面的表頭則要配置結果類。以上僅供參考）。

使用散佈圖分組或歸類

散佈圖不只要看兩個數據間的關聯性，還可以運用分布替數據分
類。

【圖表 4-23】是每家公司事業的相對市占率（除了自家公司外跟
第一名企業相比的市占率），以及運用各個事業的市場成長率，藉由
散佈圖來呈現事業的模式（這裏會將 X 軸的大小左右顛倒）。

相對市占率比一還要大（正中央的左邊），就意味著市占率是第
一名。另外，圓圈的大小則相當於各個事業的銷售額。

　　每個數據點以大小相異的圓圈來表示，使用散佈圖之後不只是通常的兩個變數，連第三個變數（圓的面積）都可以呈現在圖表上供人觀看。相對市占率比一還要大或是小，市場成長率比預期成長率（這裏是 10%）還要大或是小，要將事業依照特徵分類為四組。

　　這張圖是由波士頓顧問公司（BCG，Boston Consulting Group）於 1968 年首次開發，稱為波士頓顧問公司的產品組合管理（PPM，Product Portfolio Management）或成長／市占率矩陣。

　　成長／市占率矩陣是由與競爭對手比較的相對市占率（相對競爭力），以及市場成長率（將來性）所組成的散佈圖。事業要依照圖上的配置分類為四種（金牛、明星、問題兒童、瘦狗），而且還要針對這四種模式的事業逐一提出必要的行動處方箋，在商管領域中是畫時代的圖表。

　　散佈圖以分類為目標，拿什麼當 X 軸、Y 軸，其中有什麼意義，就會變得相當重要。成長／市占率矩陣要先將 X 軸設為相對市占率（除了自家公司外跟第一名企業的市占率之比），藉此觀察自家公司的競爭力，進而找出事業所需的資金創造力。

　　就如【圖表 4-24】所示，相對市占率高，生產量也會多，規模經濟和經驗曲線會發揮作用，所以成本也低，賺得了錢，也就是資金能籌措得更多。另外，Y 軸要採用市場成長率，藉此看出各個事業必要的資金需求大小。成長率高的市場銷售額也會成長，不過為了持續成長，投資和其他所需的資金也會變大。比方說「金牛」事業的市場成長率低，所以沒什麼必要投資新設備，因此資金需求也小。反觀市占率高有競爭力的事業相當賺錢，於是最後就籌措出大量的資金。

　　這張圖會像這樣針對資金創造力和資金需求不同的四種事業，暗示各個事業的方向性。現金流量寬裕的金牛維持高市占率和低成長，

【圖表 4-24】成長／市占率矩陣和其含義

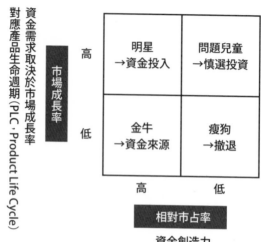

對應產品生命週期（PLC，Product Life Cycle）

資金需求取決於市場成長率

市場成長率

	高	低
高	明星 →資金投入	問題兒童 →慎選投資
低	金牛 →資金來源	瘦狗 →撤退

相對市占率

資金創造力
規模經濟和其他面對競爭的競爭力

同時榨出資金。這份資金要投注在下一頭金牛候選者，也就是資金需求高的明星產品上，同時讓瘦狗撤退和賣出。至於問題兒童則要在投資之前，鑑定和區分是否擁有明星產品，值得投資更多。

　　波士頓顧問公司的產品組合管理對商管帶來的影響很大，1970年代和 1980 年代《財星》500 大（Fortune 500）排行榜當中，就有將近半數的企業在使用產品組合管理（注十二）。然而，1990 年代以後，技術革新和其他相關因素導致企業環境變化的速度加快，同時不確定性也高，另外，市占率本身對獲利的影響度也在減少，於是就逐漸不像以前一樣經常使用了。

注十二："BCG Classics Revisited: The Growth Share Matrix," bcg.perspectives, June 04, 2014.

散佈圖當中的對數軸運用

現在要將前面提到的平均每人國內生產毛額和汽車持有輛數，以及其他幾張散佈圖的 X 軸（再來是 Y 軸）改為「對數」。單單聽到對數，或許有人會過敏起來。

首先要稍微複習（？）一下「指數」的概念。2 的 3 次方等於 8，就是將 2 乘以 3 次的概念。這時的 3 就叫做指數。對於結果的 8 和相乘的 2 來說，3 這個指數該怎麼說呢？就會看得像是免費贈品一樣，不過讓指數負責當主角的就是對數。對數通常以 log（讀做洛葛）的符號和函數來表示，這時就會以 $3 = \log_2 8$ 的形式呈現，意思就是「2 的幾次方會等於 8？」既然是 3 次方，答案就是 3。平常公式會以 $N = \log_a b$ 的形式呈現，意思可以解釋成：「a 的幾次方會等於 b？N 次方。」假如 a 等於 10 的時候就特別叫做常用對數。

不知各位稍微回想起來了嗎？那麼，究竟為什麼需要對數的觀念，進而注意到指數呢？其實在使用對數之後，就能夠處理圖表中位數相異，範圍極其廣大的數字了。

那麼，使用對數的圖表會有什麼樣的特徵呢？

普通的圖表會在圖表上標明固定距離和固定量，刻度也是固定間隔。這一點無論往圖表的哪裏去都不會改變。另一方面，就如【圖表 4-25】所示，對數的圖表當中有從十到百和從百到千的等間隔，變化量為 90 和 900 不固定，差異甚大。

其實，對數的圖表會以固定距離表示相同百分比的變化。換句話說，就是不要把從 10 到 100 當成增加 90，而要看做是 10 倍。從 100 到 1000 也一樣是 10 倍。因此，就如這張圖表所示，X 軸成了對數，圖表當中的數據直線上升，代表 x 和 y 有關聯。假如 x 有相同百分比的變化，y 就會出現定量變化。

【圖表 4-25】嘗試在散佈圖中將 X 軸設定為對數

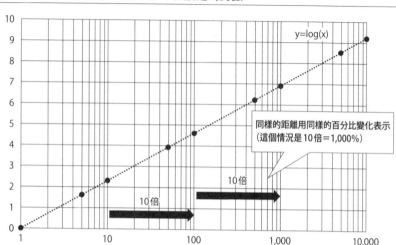

各位用來繪製圖表的 Excel，只要對著坐標軸點選滑鼠右鍵，選擇對數刻度，就能夠畫出座標軸為對數的圖表，不必對數據做任何直接加工。另外，類似 Gapmineder 的網站也可以輕鬆以對數軸標示散佈圖，靠對數呈現圖表時這會極為管用，相當重要。

那麼，既然知道將圖表改成對數的意義，為什麼需要著眼於百分比的變化，而不是 x 固定量的變化？

這裏要做個實驗。假設年收增加 100 萬日圓，從年收變多獲得的滿足感會增加到什麼程度？100 萬日圓年收增加 100 萬日圓時，跟 2000 萬日圓年收增加 100 萬日圓時，同樣是增加 100 萬日圓年收，但滿足感增加的方式會一樣嗎？從 100 萬日圓年收增加 100 萬日圓年收的滿足感會遠遠大於另一方吧？這時令人開心的不是 100 萬日圓的變化量，反而是取決於以原有年收為基準衡量的百分比變化，這樣想才比較自然。增加 100 萬日圓的年收時，假如起初的年收是 100 萬日圓，就等於增加了 100%，但若年收增加是從 2000 萬日圓起跳，

就只增加了 5%。

　　同樣的道理用在大杯啤酒上也說得通。炎炎夏日工作結束之後，飲用的第一杯或第二杯啤酒口感沒話說，當然是相當可口。反觀喝了第五杯啤酒後，感受到的美味度跟第一杯比起來，就不是那麼可口了（經濟學上稱為邊際遞減效應〔the law of diminishing marginal return〕）。

　　眾所皆知，其實人類的感覺量通常不跟刺激強度成正比，而是跟刺激強度的對數成正比，也就是跟百分比的變化成正比（韋伯－費希納定律〔Weber-Fechner law〕）。這裏所說的感覺量，就相當於以聲音、滋味、氣味、明亮度為代表的五感，還有金錢和時間等物。

　　附帶一提，日本放送協會的報時聲（嗶、嗶、嗶、蹦），是在發出 3 次 440 赫茲（Hz）聲響之後，再在整點發出一次高八度的 880 赫茲的聲音。用在聲音高低上的八度音會將頻率變化為 2 倍。

　　從商業的脈絡來看，將感覺量代換成消費量或許也不錯。另外，刺激強度也要當成是商業脈絡下年收和資產之類的經濟富裕度。實際嘗試描繪圖表之後，就會發現商務上重要的經濟活動多半以對數為軸，能夠整理出線性關係。

　　前面的圖表是要用對數計算平均每人國內生產毛額，以關係到金錢的指標製作散佈圖時，究竟是對數比較好呢，還是會對百分比變化起反應呢？這個假說似乎值得一試。

時間感和傑奈法則（Janet's law）

　　明明才剛過完新年，轉眼間就到了夏天，一眨眼年關就來了。總覺得時光飛逝，日月如梭。

　　各位是否有抱持這種感覺的經驗呢？心裏感受到的時光流逝的確不一致，覺得無聊時就會感覺時間很漫長，而在做喜歡或開心的事

情時就感覺得出時間相當短暫，相信任何人都有類似的經驗。

　　同樣的，有個假說是年齡會改變時間流逝速度的體感值，那就是「傑奈法則」，由19世紀法國哲學家保羅・傑奈（Paul Janet）首次引介。

　　這項理論在闡述「時間感和實際時間的百分比變化量成正比」，用別的話來形容，就是「心理上感受到的時間速度跟年齡的倒數成正比」。這裏也可以發現韋伯－費希納定律。根據傑奈法則，5 歲孩童的一年為五分之一（20％），相形之下，50 歲大人的一年則為五十分之一（2％），因此，50 歲時一年的速度相當於五歲孩童速度感的 10 倍。類似的定律則會說時間感並非單純的倒數，而是年齡平方根的倒數。這時 50 歲所感受到的時間速度約為 5 歲孩童的 3.2 倍。

　　那麼，單純為年齡的倒數，以及年齡平方根的倒數，哪個法則符合各位的感覺值呢？

章末問題

1　假設你參加一個遊戲節目，能夠拿到汽車當獎品。眼前有三道門可以選，必須選擇其中一道。三道門當中的一道會有獎品汽車，剩下的兩道門後面則會有山羊（也就是沒中獎）等著你。你選了一道門之後，知道門後面有什麼的主持人，當著你的面從你沒選的兩道門（至少其中一道門沒中獎）之中打開沒中獎的門，從門當中走出必定會有的山羊。這時剩下的門有兩道，主持人問你：「放棄剛開始選的那道門換另一道也行喔，怎麼樣？」你應該改選別的門嗎？

2　讓我們翻到下一頁，再看一次【圖表 4-6】，平均每人國內生產毛額與平均壽命的關係。許多國家位在往右上升的趨勢線周圍，不過有些國家則大幅脫離趨向。比方說箭頭所指的國家是非洲國家，人口約有 5078 萬人，平均每人國內生產毛額（以購買力平價為基準）為 9657 美元，將近 1 萬美元，但是平均壽命為 56 歲，遠遠背離了從趨向預測到的 72 歲壽命(注十三)。

　　那麼，這個背離趨向的國家是非洲的哪一國呢？另外，從經濟上來說，平均每人國內生產毛額（以購買力平價為基準）將近有 1 萬美元，俗稱的 1 萬美元俱樂部（即將進入先進國家之林，消費行動大幅變化的國家）近在眼前，為什麼平均壽命會遠遠短於從趨向預測到的壽命？麻煩各位思考一下自己的假說。

注十三：趨勢線為 $y = 5.7538 \times \ln(x) + 19.536$，因此將 9657 代入 x 之後可以算出答案為 72.3 歲。

平均每人國內生產毛額與平均壽命的關係（2012 年）

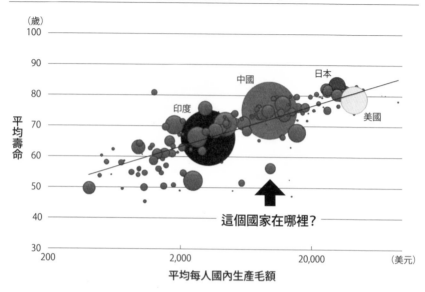

（出處）作者根據 Gapminder 的數據製作而成。

3　下一張圖呈現的是東京 23 區公立國中二年級生（按：相當於台灣的八年級）的學歷調查當中，數學正確回答率與各區公立中小學生就學補助率的關係。從圖表中可以看出就學補助率^{（注十四）}愈高，正確回答率就愈有下降之勢。為什麼會展現出這樣的傾向呢？請各位思考一下能想到的假說原因。

注十四：就學補助是基於學校教育法第 19 條：「市町村對於因經濟理由判定為就學困難的學齡兒童學生保護者，應給予必要的援助。」由國家和地方政府補助伙食費。

東京 23 區就學補助率與數學平均正確回答率（國中二年級生）

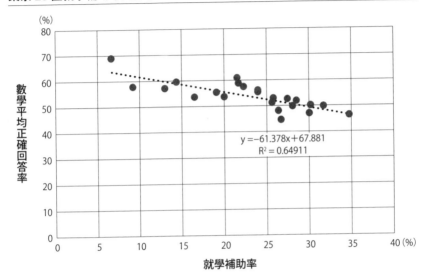

（注）學力是國中生的數據，不過就學補助率是各區中小學生整體的比率。另外調查年份也有差異。

（出處）根據東京都教育委員會《促進兒童學生學力提升的調查報告書》（暫譯，原名『児童生徒の学力向
上を図るための調査報告書』）、文部科學省《要保護和準要保護兒童學生數相關資訊（2009 年度）》（暫
譯，原名『要保護及び準要保護児童生徒数について』）製作而成。

第 5 章

以數字概括進行「比較」：
掌握分析的原則與方法

第四章當中嘗試用圖表進行視覺化的比較。囊括數據的第二個方法是在比較前將許多數據的特徵簡單彙總成一個數字。

囊括成數字的觀點大致可分為以下兩種，假如能先掌握這些概念，就可以想像大部分數據的整體樣貌。

①數據的中心在哪裏？（代表值）
②數據如何分布？（離散）

其中的代表數顧名思義，就是數據裏頭具代表性且堪稱楷模的數值是什麼。雖然英文中更具說明性的稱法是 measure of central tendency（集中趨勢量數）或 measure of central location（中心位置量數），也就是衡量數據中心值的指標。

代表以平均最為常用，但除了平均以外還有中位數（median）和眾數（mode）。假如用 Google 搜尋實際使用程度，則平均為 4 億筆結果（以平均值搜尋為 900 萬筆），中位數為 42 萬筆，眾數為 10 萬筆。既然平均的出現次數遙遙領先，為什麼還

需要附帶中位數和眾數呢？ 第五章也會看到這些代表數的差異和特徵。

　　代表數會透露數據的中心位置，卻完全不會提供其他關於數據範圍的資訊。數據在平均值的周圍擴展和離散的程度，要靠變異數（variance）或標準差提供這方面的資訊。

　　變異數、標準差或其他涉及到離散的統計量，英文稱為measure of dispersion（離散量數）。其中以標準差特別重要。附帶一提，用 Google 搜尋「標準差」會出現 68 萬筆結果，雖然不像平均那麼常用，卻比中位數和眾數還要多。

　　從重要性來看，高中大學必定會學到標準差相關知識，或許平常使用的機會也沒那麼少。只要使用 Excel 和其他試算表軟體，就可以輕鬆計算標準差，還能思考離散的意義和蘊含的資訊，背後的原因難以靠直覺解釋。以下除了標準差的內容之外，還會看到解釋其意義的方法。

1 數據的中心在哪裏?(代表值)

數據的中心在哪裏,也就是在問代表數據的值是什麼。

代表值當中使用出現最多的是平均值。

平均當中除了常用的算術平均(arithematic mean)和加權平均(weighted arithmetic mean)這兩種之外,還有經常拿來計算年平均成長率(CA GR,Compound Annual Growth Rate)的幾何平均(geometric mean)。

■■ 1-1　算術平均、加權平均

算術平均又稱為相加平均,是將數據的數值當成要平均的對象單純相加,再除以數據的數量。寫成算式就如下所述,基本上就是將數據統統相加再除以數據的個數。通常大家談到平均的時候,通常指的是算術平均。

$$算術平均 = \frac{(x_1 + x_2 + \cdots + x_n)}{n} \quad ※n 為數據個數$$

雖然有算術平均、算術平均和相加平均這些稱呼,但若從 Google 搜尋的筆數蒐集數據,調查社會上實際使用的情況之後,就會發現算術平均的筆數最多,頻率為算術平均的約 16 倍,相加平均的約 50 倍。這本書接下來會用算術平均[注一]這個詞。

注一:算術平均是將各個數據的距離(與平均數之差的偏差絕對值)平方加總後最小化的數值(另一方面,則如後面所言,將各個數據的距離縮到最小後即為中位數)。以算式來表示,算術平均就是使
$\sum\limits_{i=1}^{n} (x_i - a)^2$ 最小的 a(n 是樣本大小)。

　　加權平均與算術平均不同，要將數據的數值乘以某些權數（weight），之後合計，除以加總的權數。

$$加權平均 = \frac{w_1 x_1 + w_2 x_2 + \cdots + w_n x_n}{w_1 + w_2 + \cdots + w_n} \quad ※w_i 是各個數據的權數$$

$$= \frac{w_1}{w_1 + w_2 + \cdots + w_n} x_1 + \frac{w_2}{w_1 + w_2 + \cdots + w_n} x_2 + \cdots$$

$$+ \frac{w_n}{w_1 + w_2 + \cdots + w_n} x_n$$

　　比方說，假設 A 公司的員工有 5 萬人，平均加薪額為 1000 日圓；B 公司的員工有 5000 人，平均加薪額為 5000 日圓。

　　這時若以算術平均的觀念計算 A 公司和 B 公司的平均加薪額，答案為：

$$\frac{(1000 + 5000)}{2} = 3000（日圓）$$

　　反觀以員工人數為權數的加權平均則為：

$$1000 \times \frac{50000}{50000 + 5000} + 5000 \times \frac{5000}{50000 + 5000} = 1364（日圓）$$

　　算式中的權數，分母為二家公司員工數之和，分子分別為各家公司的員工人數；這裏的員工人數比率即權數。

　　雖然一般常用的是算術平均，但若判斷每個數據的值對平均值的影響程度不同時，也會採用加權平均。日常生活和商務當中經常出現的加權平均，有東京證券交易所股價指數（用發行股數替各家上市公司的股價加上權數）、消費者物價指數（〔CPI，Consumer Price Index〕用消費支出額替各品類的價格加上權數），以及加權平均資本

成本（〔WACC，Weighted Average Cost of Capital〕用金額的多寡替有息負債和股東資本的成本加上權數）等。

■■ 1-2　幾何平均（年平均成長率）

除了算術平均和加權平均之外，商務當中經常使用的「平均」還有「年平均成長率」，或稱「年平均報酬率」。這不像算術平均一樣要將歷年的成長率（報酬率）相加再除以年數，而是以幾何平均的概念，取方根進行以下的計算。用 Excel 計算乘方部分時，只要使用 ^ 符號，設定為（^1/ 年數）就行了。

$$\text{CAGR} = \left(\frac{\text{最後一年的值}}{\text{第一年度的值}} \right)^{\frac{1}{\text{年數}}} - 1$$

比方說，日本超商的間數在 1991 年度為 1 萬 9107 間店，2013 年度則增加到 5 萬 2902 間店。

1991 年度	2013 年度	22 年期間＝ 2013 年－ 1991 年
1 萬 9107 間店	5 萬 2902 間店	增加 3 萬 3795 間店

這時的年平均成長率為：

$$\text{CAGR} = \left(\frac{52302}{19107} \right)^{\frac{1}{22}} - 1 = 0.0474$$

計算之後可知這 22 年來的年平均成長率約為 4.7％。這代表假如 1991 年的 9107 間店每年持續成長 4.7％，22 年後就會變成 5 萬 2902

【圖表 5-1】超商與速食店的店數演變

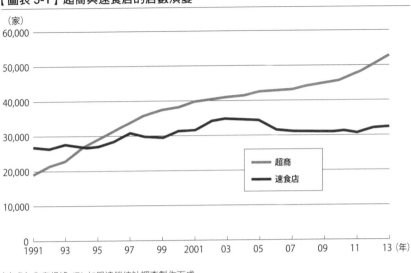

（出處）作者根據 JFA 加盟連鎖統計調查製作而成。

間店。

　　現在就實際運用一下年平均成長率吧。【圖表 5-1】是將 1991 年到 2013 年超商與速食店的間數演變繪製成圖表。從圖表的傾斜度也可看出，這 20 年來超商大幅成長，跟速食店恰為對比。只不過單憑圖表呈現，不一定能輕易看出成長率如何隨著時代變遷而變化。

　　【圖表 5-2】是拿同樣的時間序列數據，計算每五年（只不過最近只有 3 年）的年平均成長率，以便解讀其成長性。從圖表中可以明確看出超商與速食店的成長性差異和時代造成的變遷。

　　超商在 1990 年代高速成長，雖然進入 2000 年代時一度停滯，但在 2011 年之後又再度加速成長。反觀速食店的成長率，則可以明顯看出整體上不如超商，2000 年代後半的分店數量本身就在減少。

　　雖然年平均成長率的概念很方便，但在使用時需要注意其盲點所在。比方像【圖表 5-3】是在呈現 10 年來四種完全不同的變化模式，

【圖表 5-2】超商與速食店的店鋪數量年平均成長率

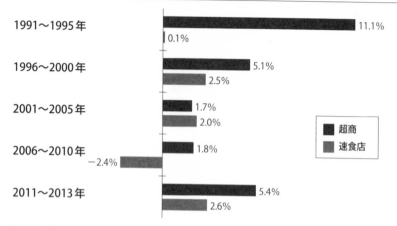

（出處）作者根據 JFA 加盟連鎖統計調查製作而成。

【圖表 5-3】10 年來所有的年平均成長率為 10%

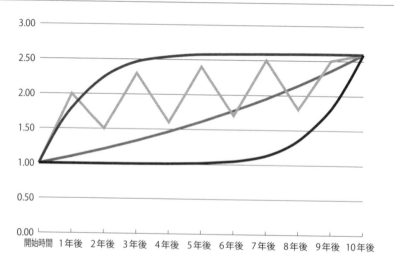

但每個模式 10 年來的年平均成長率都是 10%。

從算式中可知，計算年平均成長率時只會用到起點和終點這兩處的數據，無論途中有什麼樣的變化，只要起點和終點相同，數值也會變得一樣。就算最後決定要使用年平均成長率，建議還是在繪製圖表時呈現中途的變化會比較妥當。

■■ 1-3　平均值的陷阱與中位數、眾數

從 2013 年金融廣報中央委員會實施的「關於家庭金融行動的民意調查」結果可知，2013 年日本一般家庭（兩人以上）持有的金融資產（儲蓄存款、股票和保險等）平均值為每戶 1101 萬日圓。

各位聽到這個數字感覺怎麼樣呢？是不是有許多人感到驚訝，覺得自己明明沒持有那麼多呢？【圖表 5-4】可以看到依實際持有額歸類的家庭分配情況。

從圖表中可知，分布的形狀並非左右對稱，而是大幅偏向沒有金融資產的左方，幾乎每三個家庭就有一戶完全沒有金融資產。折線代表從持有少量金融資產累積的構成比，其實所有家庭當中有將近七成的持有額比平均值還要少。金融資產的平均值受到部分持有高額資產的家庭影響而抬高。這種狀態之下，就算宣稱平均值可以代表數據，就不再具說服力。

就如【圖表 5-5】的左圖所示，當分布以平均為中心呈吊鐘狀時，平均值是數據最集中的數字，用來代表數據也能讓人信服。然而，就如金融資產分布的代表性一樣，當數據的分布有所偏頗時，數據不一定會集中在平均值的周圍，平均值未必是說服力強的代表數。

這時就需要別的方法擷取足以代表全體的數值了。除了平均值之

【圖表 5-4】金融資產的分布（兩人以上家庭）

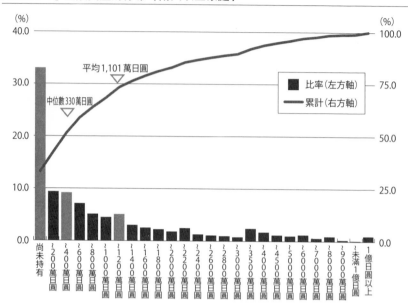

（出處）作者根據「關於家計金融行動的民意調查（2 人以上家庭調查，2013 年）」製作而成。

【圖表 5-5】分配的不同

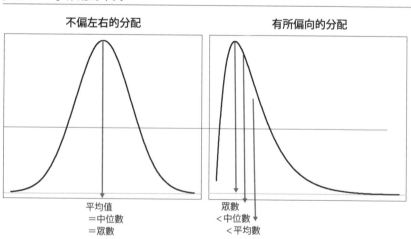

外，還有中位數和眾數。中位數（注二）指的是樣本數值依序排列時，位在樣本大小一半順序的數值（樣本大小為偶數時，就取夾在中間的兩個樣本數值平均）。比方說有 100 個樣本時，第 50 個和第 51 個數值平均後即為中位數。

中位數的意思正如其名，就是位在中央的數值，所以在觀察整體數據時，就可以將中位數當成分水嶺，大於的占 50％，小於的也占 50％。從之前的金融資產案例當中可以得知，金融資產多於 330 萬日圓的家庭占 50％，少於的家庭也占 50％。

中位數的特徵在於只關注數據大小的順序，難以受異常值影響。比方說，假設酒吧裏有十個人在喝酒，這幫酒友的資產異質性不大，其平均和中位數為 400 萬日圓。然後不知怎的比爾‧蓋茲闖進酒吧。根據 2015 年《富比士》（Forbes）富豪排行榜，蓋茲的資產為 792 億美元（約為 9.5 兆日圓）。酒吧裏那幫飲酒客的平均資產會被蓋茲牽著走，轉眼間飛漲到將近 8600 億日圓。

像這樣隨便受異常值影響，這就是平均值所具備的特徵。即使宣稱 8600 億日圓是酒友資產的代表數，也完全說服不了人。另一方面，資產的中位數則變動不大，照理說無論蓋茲是否在場，都會維持在 400 萬日圓左右。

假如預估在群體的特性上，大多數樣本沒有分布在算術平均的周圍（繪製分布的直條圖和直方圖時，並未以算術平均值為軸心呈左右對稱），就會暫時把中位數當成代表數代替平均值。比方像家庭金融資產的案例中，這個數值為 330 萬日圓，跟平均值相比更接近家庭的

注二：其實中位數是是將各個數據的距離加總後最小化的數值。換句話說，中位數就是最靠近各個數據的代表數值。以算式來表示，中位數就是使 $\sum_{i=1}^{n} |x_i - a|$ 最小的 a（n 是樣本大小）。

實際狀態，較適合當成代表值。

　　而眾數則是指次數最高的數值。當繪製直方圖時形成兩座以上的「山」，或是計算算術平均時受到部分「異常值」（例外的數值）所影響，就會採用這個代表值。以家庭的金融資產為例，「未持有」的家庭最多，所以「未持有」是眾數。

　　眾數的問題主要有以下二個。第一是眾數未必只有一個（比方像均勻分布或分布當中有好幾個同樣的高峰），第二則是擷取數據幅度的方法有時會改變眾數本身。前面的金融資產分配案例當中，假如擷取資產幅度的方法是分割成「未持有」、「未滿 330 萬日圓」和「330 萬日圓以上」這三種，「330 萬日圓以上」的比率就會占 50%，成為這三種畫分下的眾數，而非一開始的「未持有」。

　　網路的世界裏，使用者通常會替商品和服務評分，再分享結果，做為新進使用者購買和運用時的參考。常見的評分方法為使用者五階段（滿意程度由低而高以一顆星到五顆星表示）評分，以平均值或其他代表數來表示評分。

　　假如各位在網路上做生意，將使用者評分以代表數彙總成數字來表示時，該從平均值（單純平均、加權平均）、中位數和眾數當中選擇哪個代表數呢？

　　比方說，當使用者心懷惡意給了極低的分數，或是親戚給了極高的評價時，似乎就必須考量到異常值的影響。假如要排除異常值的影響，或許採用中位數當代表值會比平均值來得好。再不然也可以透過某種形式評估發送評價的使用者素質，定出權數，計算加權平均。

　　實際上國內外的網路服務是用以下的方法計算代表數：[注三]

注三：節錄自各家公司網站的資訊。

- 亞馬遜（Amazon）和 @cosme 是以算術平均表示使用者所給的評分。
- 美食網站 Tabelog 是將發送評價的使用者信賴度（以評價的次數來推測）換算成饕客級別上的威望度，再計算分數。
- 電影資料庫 IMDB（Internet Movie Database）是以加權平均來表示，而非算術平均。是為了避免有人蓄意擾動評分結果，或者同一個使用者多次投票造成影響。當然，為了避免舞弊行為，採取的權重標準是不公開的。

最後將算術平均、中位數和眾數的特徵歸納為【圖表 5-16】。

【圖表 5-6】主要代表數

代表數	說明	優點	缺點	數據範例	結果
算術平均	這是將數據的總和除以數據數量，會成為數據的重心。離各個數據的差值平方和 $\sum (x-\mu)^2$ 是最小的數值。	所有數據都要用來計算。	易受異常值影響。就像比爾‧蓋茲要是突然來到酒吧，平均資產就會飛漲一樣……	{1,1,2,3,4,4,4,100}	17
中位數	將數據升序或降序排列時剛好位在正中央的數據。離各個數據的距離總和 $\sum |x-\mu|$ 是最小的數值。數據數量為偶數時要將正中央的兩個數據平均。	不怕異常值影響。幾乎無須計算。	不能用到所有數據。	{1,1,2,3,4,4,4,100}	3.5
眾數	數據當中出現最頻繁的數值。	不怕異常值影響。無須計算。	結果有可能是複數或是一個都沒有。另外，要是直方圖擷取數據幅度的方式改變，眾數本身就會改變。	{1,1,2,3,4,4,4,100}	4

COLUMN

72 法則（rule of 72）

衡量資產的運用時，我們會在乎要以幾個百分比的複利年息運用資產，花上幾年才會變成 2 倍。這時複利的利率就相當於複合年平均成長率（CAGR，Compound Annual Growth Rate。套用別的話來說，就是要在幾個百分比的年平均成長率下運用資產）。

其實眾所皆知，只要用 72 這個數字來計算，就可以輕鬆算出近似的結果。

72÷ 利率＝變成 2 倍所需的年數

比方說，假如以 10％的利率運用資產，就需要 7.2 年，也就是說運用 8 年就

年息	嚴密的計算	用 72 這個數字的簡易計算
1.0%	69.7	72.0
2.0%	35.0	36.0
3.0%	23.4	24.0
4.0%	17.7	18.0
5.0%	14.2	14.4
6.0%	11.9	12.0
7.0%	10.2	10.3
8.0%	9.0	9.0
9.0%	8.0	8.0
10.0%	7.3	7.2
11.0%	6.6	6.5
12.0%	6.1	6.0
13.0%	5.7	5.5
14.0%	5.3	5.1
15.0%	5.0	4.8
16.0%	4.7	4.5
17.0%	4.4	4.2
18.0%	4.2	4.0
19.0%	4.0	3.8
20.0%	3.8	3.6

會變成 2 倍。現將使用 72 這個數字的簡易計算和嚴密計算的比較結果明列出來，僅供參考。

COLUMN 　　　　　　　**物價與加權平均**

　　【圖表 5-7】是根據世界銀行的數據，將 1961 年到 2014 年長達 54 年來的消費者物價指數對前一年的變化率畫成圖表。

　　假如以二戰後漫長的時間軸來看，就會發現日本和美國都歷經上漲率超過 10% 的高物價時期，再朝著慢慢平穩的趨勢邁進。

　　然而，要是把目光局限在日本，則會看到 2000 年以後，物價上漲率就掉進負數區，長期維持在通貨緊縮的狀態。為了消除長期持續的通貨緊縮狀態，日本銀行（Bank of Japan）於 2013 年 1 月將穩定物價的目標定為消費者物價與前一年相比上升率 2%，並保證會在早期實現這個目標，擴大貨幣寬鬆。

　　究竟為什麼穩定物價對經濟活動很重要呢？ 其實個人和企業會根據價格的資訊判斷是否要消費或投資，物質大幅變動的狀態下，就很難替消費或投資做決策。

　　那麼，該如何測量會這樣大幅影響政策的消費者物價指數呢？[注四] 這裏要使用的方法是「加權平均」。

　　以 2010 年為基準的消費者物價指數，就是以該年的家庭調查（根據約 9000 戶家庭的家計簿所做的調查）為根柢，實際幫重要商品（總共 588 個品類）的支出金額占整體家計消費支出的比例計算權數，將各個品類的價格變化「加權平均」，求出消費者物價指數。

　　假設締造消費者物價指數的只有巧克力和冰淇淋這二款商品，而且支出金額的比例為巧克力 60%，冰淇淋 40%。現在，跟基準時間的 100 相比，巧克力漲價 20%，冰淇淋跌價 20%，所以計算物價指

注四：「消費者物價指數的結構和觀點：2010 年度消費者物價指數」總務省統計
　　　局。

【圖表5-7】美日德三國消費者物價指數的變化率演變（1961至2014年）之比較

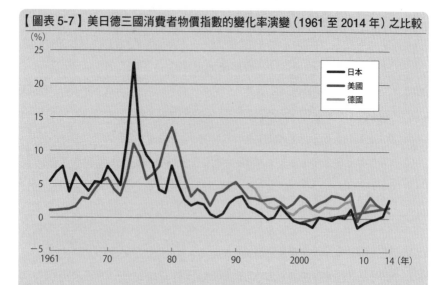

　　數時要將二種商品的價格變化加權平均，答案為104：

$$120 \times \frac{60\%}{100\%} + 80 \times \frac{40\%}{100\%} = 104$$

　　由此可以算出，跟基準時間的100相比，整體物價上升了4%。

　　那麼，到底各個品類的權數有多少呢？實際的消費者物價指數（2015年6月）當中的權數為巧克力0.2%，冰淇淋0.3%。

　　還有，該怎麼查出每個品類的價格變化呢？每個品類的價格會透過按月實施的零售物價統計調查實際在店面（約2萬7000家店）調查。這時會規定每個品類要調查哪些商品的品牌。比方說，巧克力有「片狀巧克力」，指定調查品牌為「明治牛奶巧克力」、「樂天迦納牛奶巧克力」和「森永牛奶巧克力」。冰淇淋則有「杯裝香草冰淇淋（110mL）」，指定調查品牌為「哈根達斯香草冰淇淋」，諸如此類。

2 ｜ 數據如何分布？（離散）

■■ 2-1　變異數與標準差

以平均值為大量數據的代表數相當方便，從整體來看卻不會透露數據如何分布和離散在代表值的周圍。「變異數」和「標準差」才會呈現離散的程度。

海浪的起伏就像是水位的離散。這時以漁船為生的漁夫和衝浪客關心的不是潮位這種平均水面高度，而是波浪這個離散的程度。開漁船出海的漁夫希望海面波濤不興（水位離散度小），而等待海浪的衝浪客則期盼大浪來臨（水位離散度大）。

變異數與標準差就是用來觀察數據離散的程度。

【圖表 5-8】是要探討數據如何離散在平均值的周圍。只不過，分布當中當然會有大於平均值和小於平均值的數據。因此，就算求出數據和平均值的差值，得出正數和負數，再將「每個數據與平均值的差值」（偏差）算術平均，正負也會相抵而化為零。所以要把偏差平方後再取平均值，算出變異數（SD^2）。[注五]

$$SD^2 = \frac{(x1 - \bar{x})^2 + (x^2 - \bar{x})^2 + \cdots + (x_n - \bar{x})^2}{n}$$

※x 為平均值，n 為樣本數。假如觀察對象為樣本而非母群體時，要以 n − 1 為分母計算，而不是 n（參閱 COLUMN）。

「變異數」開平方根（也就是對先前平方做還原處理）之後則會變成「標準差」（以 SD 或 σ 表示）。要表示平均離散度，表示數據偏

注五：SD 是標準差（Standard Deviation）的簡稱，多半以 σ（sigma）表示。

【圖表 5-8】平均值周圍的離散度示意圖

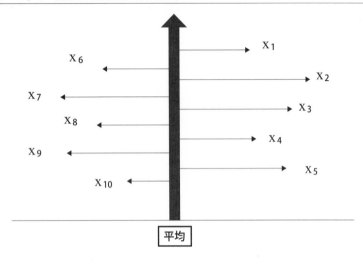

離平均數的情況時，不妨考慮一下標準差。由於標準差是將原本的數字平方後開平方根，因此單位也跟原本的數字一樣，簡單明瞭，比變異數更常用來當作離散量數。

$$SD = \sqrt{\frac{(x1 - \bar{x})^2 + (x^2 - \bar{x})^2 + \cdots + (x_n - \bar{x})^2}{n}}$$

※ x 為平均值，n 為樣本數。假如觀察對象為樣本而非母群體時，要以 n － 1 為分母計算，而不是 n（參閱 COLUMN）。

COLUMN　　　　　　變異數與標準差要除以 n 還是 n － 1？

　　變異數與標準差的用途廣泛，但一說到計算的公式也意外地混亂（？），甚至連書上的見解都有所分歧。

　　傳統上最常用的講解方式，大概就是遇到樣本要除以數據的數量－1，也就是 n － 1，遇到母群體則除以 n。然而，實際在商務上看到的數據，最好要當成樣本數據而不是母群體本身，因此大多數情況，實務上還是除以 n － 1。

　　另一方面，最近的書籍當中，也可以看到樣本和母群體都除以 n 的定義。該選擇哪一邊的的公式來運用和衡量呢？

　　商務當中一般會從目的出發衡量怎樣做最好（是否具有目的合理性），這裏也要以同樣的方式思考一下。

　　首先，眾所皆知，除以 n － 1 求出的變異數又稱為無偏變異（unbiased variance），如果反覆擷取樣本計算變異數，求得平均，這樣不偏變異數的平均就會不斷接近母群體的變異數。無偏變異的期望值就是母群體的變異數。因此，為了從樣本的變異數估計母群體的變異數，最好採用除以 n － 1 之後的答案。

　　然而，這樣可以解釋變異數沒問題，但比變異數更常用的標準差，除以 n － 1 跟除以 n 皆非不偏（就算拿許多樣本不斷求平均，也不會變成母群體的標準差），無法貫徹「不偏性很重要」的主張真是惱人。

　　另一方面，假如想要知道眼前數據的平均離散度時，將數據和平均數的差值加總後（偏差平方和），單單除以樣本數 n 取平均值，這樣會比較淺顯易懂。以上的概念就在於數據平均來說離平均值多遠。

　　只要以抽象的思維設想數據的數量為一時會怎麼樣，就可以輕易明白了。說到底當樣本數為一時，n － 1 就會等於零，無法計算，還

是採用 n ＝ 1 時也可以計算的概念比較妥當。

　　所以我建議在求變異數和標準差時要除以數據的數量 n。

　　實際上，一旦數據的數量增加，除以 n 或除以 n － 1 的答案就相差不大了，許多實務上的情況無論用哪種方法計算，差異幾乎都不成問題。

相比平均，標準差或許沒那麼熟悉。然而就如先前所說，經營時要意識到這個數值遠比平均還重要。

比方說，二戰後日本式經營的特徵之一，就在於生產作業時優良的品質管理，將產品品質層面的離散度這個標準差本身縮小，務求均質化。另外，財務上涉及的風險概念，關鍵正好就在於標準差。

眾所皆知，各種自然現象和社會現象的異質性，是依循吊鐘型的「常態分布」。

常態分布當中，平均值 X 附近的現象出現頻度最高，假設其標準差為 SD，則關係式如下（請參考【圖表 5-9】）：

①整個分配的 68.3％包含在 $\bar{x} - SD \leq x \leq \bar{x} + SD$ 的範圍內。
②整個分配的 95.4％包含在 $\bar{x} - 2SD \leq x \leq \bar{x} + 2SD$ 的範圍內。
③整個分配的 99.7％包含在 $\bar{x} - 3SD \leq x \leq \bar{x} + 3SD$ 的範圍內。

其中尤以「所有數據約有 95％包含在平均值 ±2SD 的範圍內」格外重要，這項「二標準差原則」[注七]一定要記在腦子裏。

比方像智商（IQ）就是將平均設定為 100，標準差設定為 15。因此，從二標準差原則可知 95％的智商在 70 到 130 之間，超過 130 的少之又少。

注六：小島寬之（2011）《圖解不再嫌惡統計學》易博士出版社（改版後易名為《圖解統計學入門》）；Norm Matloff, *From Algorithms to Z-Scores: Probabilistic and Statistical Modeling in Computer Science*, University of California, Davis.

注七：伊恩・艾瑞斯（2008）《什麼都能算，什麼都不奇怪》（*Super Crunchers Why Thinking-by Numbers Is the New Way to Be Smart*）繁中版由時報文化出版。

【圖表 5-9】常態分配與二標準差原則

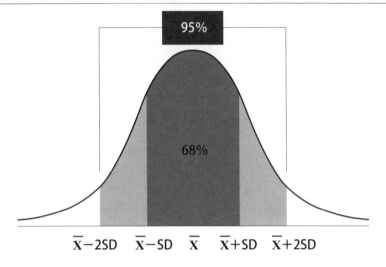

人類似乎往往以為不到 10% 的機率（比方像 5%）是很難發生的。

舉例來說，假設有人當面問你投擲硬幣後是正面還是反面，結果不知怎地一直出現正面。連續擲出幾次正面之後，你會不會覺得「好奇怪，這是不是動了什麼手腳啊」？

以我教課的經驗來說，大概擲個 4 至 5 次都是正面，就會有人覺得奇怪了。連續擲出 4 次正面的機率是 0.5 的 4 次方 6.25%，另外，連續擲出 5 次正面的機率是 0.5 的 5 次方 3.125%，由此可知主觀感受到「難以發生的事情出現在眼前的機率」約為 5% 左右。

因此，既然覺得平常「數據大概囊括在這個範圍」的機率是 100%，就算扣掉難以發生的機率 5%，改成經常發生的機率為 95% 也沒關係。這麼說來，根據二標準差原則，數據的範圍大約在平均±2SD 之間。

很少會遇到標準差這麼「懷才不遇」的數字；儘管大多數人從高中到大學的某個階段必定會學過一次，但以後這輩子都用不到幾回。

主要是因為光是記住標準差的定義，也對平均值周圍的離散毫無頭緒。從這個意義上來說，二標準差原則對於標準差在實務中的應用是相當重要的。

那就馬上試試看二標準差原則吧。

大家認為日本成年男性身高的標準差是多少呢？

或許各位完全判斷不出來吧。不過，採用二標準差原則之後，就可以估算約略的數值。首先要環顧周遭的人身高平均值有多少，結果發現在 170 公分左右，然後再估算標準差。標準差跟平均不同，缺點在於難以一目了然。

前面解釋過，95％這個數值是覺得「數據大概囊括在這個範圍」的機率。就各位所知，周遭的人身高大概囊括在多廣的範圍呢？我在講課和研修時做過這項專題討論，結果最多人的答案是在 160 到 180 公分之間。二標準差原則會告訴你這段間隔是 2SD ＋ 2SD ＝ 4SD，因此可以推測標準差是 160 至 180 公分的 20 公分除以 4，答案為 5 公分。

實際的數據[注八] 是以 30 幾歲後半的男性來平均，平均身高為171.75 公分，標準差為 5.55 公分。二標準差原則雖然是簡單的推算，卻可以估計出約略的數值。

異質性與品質管理

日本企業在二戰之後將其產品的品質保持更高的競爭力，而維繫品質的方法之一就是品質管理。這裏的品質指的是產品的特性要滿足要求事項。品質管理的目標是改良產品和服務的品質，同時縮小異質

注八：「2011 年度運動能力調查」成年男性 35 至 39 歲的數據。

性，維持固定水準。假如品質參雜異質性，就會引發顧客的不滿。不僅是產品，假如各位接受某些服務時，服務品質大幅背離事先的期待（像是理應馬上會來的料理遲遲不來，諸如此類），也還是會感到不滿。

日本企業會在現場進行小團體改善工作，探討其措施能將品質的異質性縮小到什麼程度，稱為品管圈（QCC，Quality Control Circle）。談到戰後日本式經營的特徵，「標準差」或許會比「平均」更貼切。日本企業就是在「異質性為禍害」的不成文大前提下進行品質管理，經營事業。

■■ 2-2　商管當中的風險和高風險高報酬？

大家對「風險」這個詞有什麼印象？恐怕平常用到這個詞多半是形容什麼壞事，或是發生壞事的可能性吧？

商管當中會將結果未定、異質性和不確定性的事物視為風險。

比方說，假設你手上有 100 萬日圓要投資，要比較銀行的定期存款和股票哪個好賺。銀行的定期存款可以預先知道一年後 100 萬日圓會拿回多少錢。相反的，投資股票時，股價難以預測，起伏不定。要是一年後股價上漲就會獲利，但若股價下跌，則別說是賺錢了，還會虧本。由此可知投資股票的不確定性很大，風險比存款高。

假如風險是異質性和不確定性，現在剛學的標準差正好用來當作測量風險大小的指標。

【圖表 5-10】和【圖表 5-11】是東京證券交易所股價指數（以所有東京證券市場第一部上市的國內普通股為對象的股價指數）橫跨 5 年的週次報酬率（損益）演變和其分布。從圖表中也能看出其中有些星期賺錢，有些星期虧損，透過計算可知整體的平均為 0.18％，標

【圖表 5-10】TOPIX（2009 至 2013 年）的週次報酬率演變

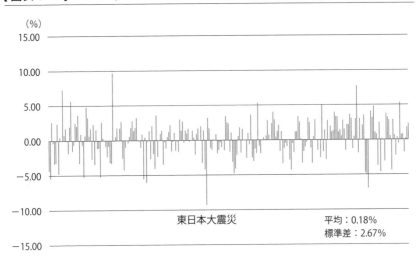

（注）這裏是將週次報酬率的算術平均換算成年利率。
（出處）作者根據 SMT 指數基金基準價格數據製作而成。

【圖表 5-11】TOPIX 報酬率（週次）的分配（2009 至 2013 年）

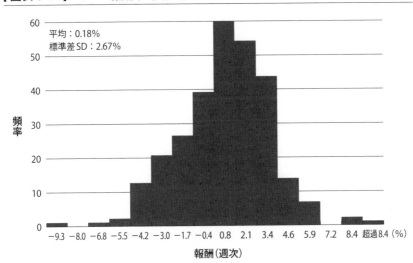

（出處）作者根據 SMT 指數基金基準價格數據製作而成。

【圖表 5-12】各個資產等級的風險與平均報酬（2009 至 2013 年，換算成年利率）

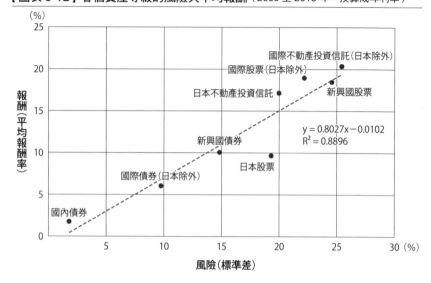

（注）原本在修正時需要將分配金包含進去，但分配金很少，因此沒有算在內。
（出處）作者根據 SMT 指數基金基準價格數據製作而成。

準差為 2.67％。圖表內有些星期的東京證券交易所股價指數大跌將近 10％，這是 2011 年東日本大震災的影響所致。

那各位聽過高風險高報酬這句話嗎？要獲得高報酬（報酬率），就必須有冒著龐大風險（標準差）的覺悟，但事實真的是這樣嗎？我們就來看看實際的數據。

【圖表 5-12】的散佈圖是將股票、債券和其他各種金融商品風險（標準差）和報酬（報酬率）的關係繪製而成。從圖表中也可知風險和報酬是典型的正相關，呈直線正比關係。也就是說，想要藉由投資獲得高平均的報酬（報酬率），就必須甘冒龐大風險，結果參雜異質性，也就是偶爾會大幅虧損。

雖然數據是以金融商品為例，但在經營事業時為了獲得高報酬，

也必須做好心理準備承擔結果的風險和異質性。儘管從品質管理的視點來看「異質性是禍害」，不過想獲得高報酬，反而需要以「異質性是朋友」這個截然不同的觀點，跟異質性打交道。

■■ 2-3　當「群眾的答案出乎意料正確」發生作用時

1960 年秋天，近代統計學之父兼遺傳學權威法蘭西斯・高爾頓（Francis Galton），參加了家畜展的體重有獎徵答活動。參加民眾除了農家和肉舖這些某方面來說是家畜的專家之外，還包含許多門外漢，總計有 787 人。平常高爾頓對優生學特別感興趣，結果出乎意料，787 人預測的重量平均值為 1197 磅，離正確答案只差 1 磅[注九]。

就算是門外漢的意見，但只要蒐集很多數據再平均，得到的答案就會出乎意料地接近正確，總覺得真是不可思議。同樣的，其實許多例子當中可以看見，與其聽少數專家的意見，還不如將多數的「群眾意見」平均起來，比較能夠預測結果。無論在什麼情況下，多數門外漢的意見平均後的精確度都會比較高嗎？ 要求出接近正確的答案，需要什麼樣的條件呢？

現在假設真值（true value）為 D，個別單人的預測 X_i，而其平均值為 A。另外，大家的平均意見 A 與正確答案 D 之間的群體誤差為 $(A-D)^2$，從計算當中可知答案為個別單人的誤差減掉全體人員答

注九：詹姆斯・索羅維基（James Surowiecki）（2005）《群眾的智慧》（*The Wisdom of Crowds: Why the Many Are Smarter Than the Few and How Collective Wisdom Shapes Business, Economies, Societies and Nations*）繁中版由遠流出版。

案的變異數^{（注十一、十二）}。

$$群體誤差＝個人誤差－變異數$$

換句話說，「群眾的答案出乎意料正確」並非放諸四海而皆準，還是要有以下條件：

- 每個人的答案是相對接近真實的（個人誤差小）。
- 而且全體人員的答案具有多樣性（變異數大）。

個人的智慧自不待言，但若想集中個人的智慧，發揮群體應有的智慧，就要重視多樣性（這裏指的是變異數或其平方根標準差）。

注十：西垣通(2013)《何謂集體智慧：網路時代「知識」的走向》（暫譯，原名『集合知とは何か—ネット時代の「知」のゆくえ』）中公新書。

注十一：群體誤差＝$(A-D)^2$

$$個人誤差＝\frac{1}{n}\sum_{i=1}^{n}(X_i-D)^2$$

$$分散＝\frac{1}{n}\sum_{i=1}^{n}(X_i-A)^2$$

$$(A-D)^2＝\frac{1}{n}\sum_{i=1}^{n}(X_i-D)^2-\frac{1}{n}\sum_{i=1}^{n}(X_i-A)^2$$

章末問題

1　以下的**圖表 D** 是日本 2 人以上家庭各年齡層的金融資產持有額。別說是每個年齡層，即使從所有家庭數來看，平均值 1182 萬日圓也跟中位數 400 萬日圓差距懸殊。為什麼金融資產的平均值會像這樣遠遠大於中位數呢？另外，各年齡層之間有什麼特徵？

日本各年齡層的金融資產（2 人以上家庭）

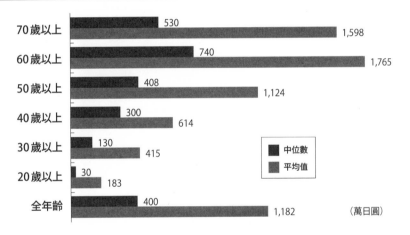

（出處）金融廣報中央委員會「關於家計金融行動的民意調查」（暫譯，原名『家計の金融行動に関する世論調査』）2014 年。

第 6 章

嘗試囊括成算式來「比較」(迴歸分析和建模〔modeling〕)

　　囊括成算式的方法大致可分為二種。一是「迴歸分析」，以歸納的方法從數據中求出算式。二是「建模」，以演繹的方法求出算式。

　　其中的迴歸分析是世界上最常用的統計分析方法。迴歸分析在於「比較」，如同第三章所説，這也是大數據的領域中日益重要的機器學習的入口。這裏還是希望大家懂得自己用迴歸分析，至少要熟練到能夠解釋計算結果的程度。

　　另外，從散佈圖和相關的觀念到迴歸分析，這些分析方法在探尋因果關係，思考 Why? 這個問題的答案時極其重要。既然是從實際的數據擷取其背後的直線關係，所以稱得上是歸納性的方法。因此，通常透過迴歸分析求出的算式，有時數據可以直接代入，有時則會偏離算式。

　　由於藉由迴歸分析就能驗證假説，所以軟體銀行(SoftBank)的孫正義（Masayoshi SON）於 2001 年創辦雅虎寬頻（Yahoo! BB）的服務時，曾在公司內説過以下這段話[注一]：

注一：三木雄信（2015）《10 秒了解世界頂尖的資料法則》(暫譯，原名『世界のトップを 10 秒で納得させる資料の法則』) 東洋經濟新報社。

「以後凡是沒做迴歸分析的人講什麼都一概不聽。」

而建模則是以「銷售額＝顧客數 X 客單價」的形式，將關心的結果（產出〔output〕）以算式的形式分解成要素（投入〔input〕）。一旦分解成算式的形式，就能以系統化的途徑，衡量哪些要素要採取什麼活動（要增加顧客數還是客單價才能增加銷售額，為此必須如何如何）才會得到結果。

建模與迴歸分析不同，求出的算式為恆等式（必定成立的公式）。要估算「日本電線杆的數量有幾根」，以及其他難以判別的數字時會用到「費米推論」（Fermi estimate），這其實也是模型化的一種。藉由分解成算式，就能集中思考大家所知的數字，推論無法一目了然的數值。

另外，建模用到的算式，比方像「銷售額＝顧客數 X 客單價」，嚴格來說就只是將銷售額分解後的產物，而非斷言銷售額起因於顧客數和客單價。只不過，既然目標在於衡量所需的行動以得出結果，即使沒有特別意識到這項缺失，商務上也不會出問題。

1 散佈圖與相關係數（correlation coefficient）

■■ 1-1 分析公寓投資

現在假設我們要在都心的 A 車站附近（徒步 5 分鐘之內）購買公寓，將租金收入充當生活費。再假設公寓的大小為 25 平方公尺，則購買之後可望能獲得多少租金收入？首先必須要思考單房公寓的租金行情取決於什麼原因。

租金受公寓大小（專有面積）（按：專有面積指的是房屋當中不含公共設施或陽臺的室內面積）、來回車站所需的時間（徒步走幾分鐘）、建築年數、方位（坐北朝南與否）和其他要素影響。這裏要假設公寓大小的影響最大，再從不動產相關的資訊網站中，蒐集 A 車站附近 42 間公寓的租金和專有面積數據（請參考【圖表 6-1】）。

接著要依照數據畫出散佈圖，將租金與專有面積的關係視覺化後再行觀看。

儘管人類長期繪製各種圖表，不過除了時間序列的圖表之外，要處理的數據都以一次元單一變數的變化為中心。相形之下，散佈圖則是比較近期才想出的圖表之一。散佈圖要將兩個變數的關連性視覺化，從這層意義來看，也堪稱是圖表史上劃時代的「圖表之王」。等到統計的領域中使用散佈圖這個詞，已經是進入 20 世紀之後的事了（注二）。

散佈圖用 Excel 的圖表功能即可輕鬆製作。製作時要在 2 個變數

注二：Michael Friendly and Daniel Denis (2005) "The Early Origins and Development of the Scatterplot," *Journal of History of the Behavioral Sciences* 41(2): 103-130.

【圖表 6-1】A 車站附近的單房公寓

徒步（分）	建築年數	專有面積（m²）	坐北朝南	租金＋管理費(日圓)
13	24	22.15	1	69,000
6	33	17.83	0	70,000
5	31	23.63	1	80,000
9	28	27.76	1	84,000
7	36	23.32	0	87,000
12	2	31.03	0	116,000
7	12	26.22	0	119,000
4	6	22.16	0	129,000
1	7	36.54	0	166,000
4	6	40.04	0	170,000
7	33	17.83	0	70,000
8	35	23.1	0	76,000
2	41	16.11	0	69,000
13	18	17	0	72,000
5	31	23.63	1	80,000
8	35	25.8	0	82,000
6	28	21.8	1	75,000
4	34	22.33	0	79,000
2	41	18.27	0	83,000
5	29	27.06	0	85,000
8	29	26.7	0	85,000
6	28	29.06	0	98,010
11	26	20.85	0	83,000
11	35	21.31	0	84,000
5	30	29.52	0	96,000
7	30	34.41	0	94,000
5	30	35.79	0	108,000
4	34	30.82	1	105,000
4	33	30.82	0	110,000
9	23	33.78	1	115,000
9	23	34.02	0	118,000
9	9	32.76	0	125,000
4	6	22.16	0	129,000
10	27	44.89	0	130,000
6	7	29.39	0	142,000
6	7	47.97	0	149,000
6	7	32.71	0	154,000
6	9	36.82	0	154,000
1	7	36.54	0	158,000
4	6	40.04	0	170,000
5	6	42.82	0	178,000
4	6	30.20	1	169,000

中，選擇原因類的變數為 X 軸，結果類的變數為 Y 軸。

　　只要在選取工作表的數據範圍之後，選擇「插入」標籤→圖表的「散佈圖（帶有資料標記的 XY 散佈圖）」，就會製作出類似【圖表 6-2】的散佈圖。

■ ■ 1-2　什麼是相關？

　　從圖表中可知套房愈大租金也愈高，換句話說，就是租金和套房的大小呈往右直線上升的「正相關」。

　　相關指的是 2 個變數之間具有某種規則和共變性。比方說，假如氣溫高時啤酒的銷售額也會提升，氣溫低時啤酒的銷售額也會下降，這種連帶關係就叫做「氣溫」和「啤酒的銷售額」呈相關。相關有「正／負」和「強／弱」，表示這種關係的數值則稱為相關係數。散佈圖上，用直線幫數據畫趨勢線時，集中在直線周圍的數據多麼「像直線」，或許也可以當成相關的定義。

　　為求保險起見，這裏會刊出定義式給對算式感興趣的人看。對式子過敏的人可以跳過去。

相關係數　$r = \dfrac{\text{cov}(x, y)}{SD_x \cdot SD_y}$

X 與 y 的共變異數（covariance）：$\text{cov}(x, y) = \dfrac{\sum\limits_{i=1}^{n}(xi - \bar{x})(yi - \bar{y})}{n}$

x 的標準差：$SDx = \sqrt{\dfrac{\sum\limits_{i=1}^{n}(xi - \bar{x})^2}{n}}$

y 的標準差：$SDy = \sqrt{\dfrac{\sum\limits_{i=1}^{n}(yi - \bar{y})^2}{n}}$

【圖表 6-2】從 A 車站徒步範圍的單房公寓寬敞度與租金之關係

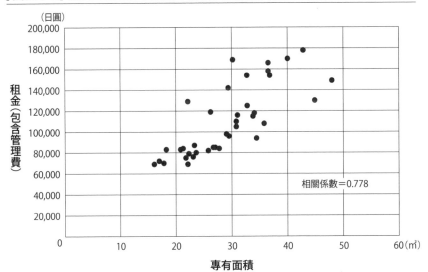

相關係數是在 1 到 -1 的範圍內變動的數字。假如相關係數接近於 1，關係強到「其中一方變大後另一方就會變大」，就代表「強正相關」。另一方面，假如相關係數接近於 -1，關係強到「其中一方變大後另一方就會變小」，就代表「強負相關」。而若相關係數的絕對值近似於 0，就代表「弱相關或不相關」。通常商務當中稱得上有意義的相關「強弱」等級，絕對值往往在 0.7 以上。

相關係數平方後的值就是簡單迴歸當中要說明的決定係數（coefficient of determination）。相關係數感覺上很難直接用來解釋相關的強弱，但後面的迴歸分析中將會談到，平方換算成決定係數之後，就可以解釋 y 的變異數當中有幾個百分比由 x 的變異所造成，換句話說，就是 x 對 y 的說明能力有多強。所以我們要養成習慣，一看到相關係數就平方。高度相關的指標為相關係數 0.7 的平方 0.49，也就是相當於約 50％ 的說明能力。

＊相關係數值的解釋範例（絕對值）

0 ～ 0.2：幾乎無相關

0.2 ～ 0.4：弱相關

0.4 ～ 0.7：中度相關

0.7 ～ 1.0：強相關

只不過，對相關係數大小的解釋會依領域而異。心理學和其他領域的解釋範例[注三]如下所示，僅供參考：

＊相關係數值的解釋範例（絕對值）

0.5：效果很大

0.3：效果中等

0.1：效果很小

實際上各個相關係數如何呈現在散佈圖上，不妨透過【圖表6-3】見證一下。

看到相關時必須留意一件事：

相關≠因果關係

雖然相關，卻不代表有因果關係。那要有什麼要素才算是有因果關係呢？常用的必要條件為以下三點：

注三：水本篤、竹內理（2008）〈研究論文當中的效果量之報告〉《英語教育研究》（暫譯，原名「研究論文における効果量の報告のために」『英語教育研究』）31: 57-66.

【圖表6-3】 相關係數的大小與散佈圖示意

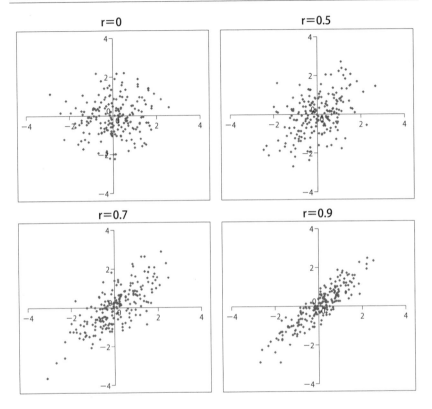

①原因在時間上先於結果

②要有相關（共變）

③相關無法用其他變數（第三因子）說明

就如前面所言，有因果關係時也會相關，相關卻不一定有因果關係。第三點的第三因子容易成為漏網之魚，需要小心辨別。

比方說，夏季冰淇淋和啤酒的銷售額相關，但沒有直接的因果關係，證明消費者想邊喝啤酒邊吃冰淇淋。兩者的共通原因（第三因子）

【圖表 6-4】吃了莫札瑞拉起司就會增加土木工程的博士學位人數？ 雖然相關但……

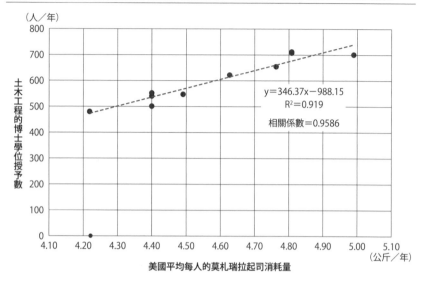

（出處）根據 http://www.tylervigen.com/spurious-correlations 製作而成。

都在於夏日炎炎，也就是氣溫。炎熱時雙方都暢銷，涼爽時雙方都滯銷，看起來雖然相關，卻沒有直接的因果關係。

【圖表 6-4】的散佈圖是 2000 至 2009 年美國平均每人一年的莫札瑞拉起司（Mozzarella）消耗量，以及土木工程博士學位授予數之關係。

兩者的相關係數為 0.9586，高得驚人。難道在食用莫札瑞拉起司之後，就活化了腦部功能，導致取得博士學位的人增加了嗎？將起司消耗量與土木工程博士學位授予數連綴成故事顯然不可行，兩者完全沒有因果關係。假如對照前面的三個條件，就會發現時間上沒有孰先孰後，並未滿足因果關係的要件。

其實 2 組數據都只是在 2000 至 2009 年擷取數據時單純增加而已。擷取正在增加或減少的成組數據之後，往往會碰巧看起來相關，

需要小心辨別。

　　就算發現相關，但若你自己覺得故事發展哪裏不對勁，「一旦這樣（○○）就會發生那種事情（●●）」的原因和結果兜不攏，就很可能是沒有因果關係。究竟是真的一旦這樣（○○）就會發生那種事情（●●），還是有第三因子（第三種因素）作祟，又或者是原因沒有在時間上先於結果，都要以這些觀點重新衡量是否哪裏出問題。

　　接下來要使用 Excel 分析工具的相關係數功能，求出公寓雙變數的相關係數。打開 Excel 2016 的畫面，分析工具就位在分析標籤當中的資料分析上（請參考【圖表 6-5】）。

　　選取所有的變數執行相關係數之後，就會像【圖表 6-6】一樣獲得相關矩陣（correlation matrix），歸納出變數間的相關係數。

　　從結果可知，租金和面積的相關係數為 0.78，相關度極高。附帶而平方之後會變成 0.60，可見專有面積對租金有 60％的說明能力。

　　相關係數經常用來觀察各個領域當中的關聯性高低，讓我們一起看看它大顯身手的部分事蹟（？）吧。

徵才面試管用嗎？

　　相信各位的公司在徵才時會用到形形色色的評估方式，像是面試或綜合適性測驗（SPI，Synthetic Personality Inventory）之類的筆試，辦法橫跨多方面。究竟徵才時的評估會好到什麼程度呢？「A 在錄取時評價很高，分配職位後表現卻實在不怎麼樣」，「B 在錄取時表現不起眼，卻做出好績效」，雖然有類似這樣的小故事，不過評估本身無法善加評估的例子很多嗎？到底為什麼要在錄用前費盡九牛二虎之力評估，而不是抽籤就好？

　　只要想到徵才時的評估基本上是為了預測錄用後的工作成果，就

【圖表 6-5】 Excel 的分析工具

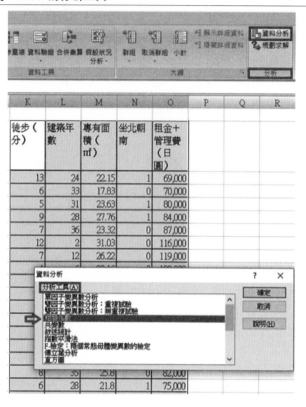

【圖表 6-6】 變數間的相關係數

	徒步（分）	建築年數	專有面積（㎡）	坐北朝南	租金＋管理費(日圓)
徒步（分）	1.00				
建築年數	0.07	1.00			
專有面積（㎡）	−0.14	−0.53	1.00		
坐北朝南	−0.01	0.23	0.20	1.00	
租金＋管理費(日圓)	−0.36	−0.14	0.78	−0.22	1.00

會讓人好奇實際上徵才時的評估結果跟錄用後的表現會相關到什麼地步。假如相關係數高，徵才時的評估結果就能更精確地預測錄用後的表現。觀察徵才時評價和錄用後評價的相關係數之後，就可以衡量評估方法的預測能力。

　　實際上會相關到什麼程度呢？

　　【圖表 6-7】是以後設分析（meta-analysis）歸納過去 85 年來關於各種評估方法的研究成果[注四]。從結果來看，預測能力最高的是管理職的智力測驗（IQ test）。只不過即使如此，相關係數也只有 0.58，而複雜度中等的工作則是 0.51，所以平方換算成決定係數之後，就會求出說明能力在 25％左右。

　　其實智力測驗比其他方法（比方說實際要求對方做或同僚的評價等）容易施行，遇到沒經驗的求職者也可以用，所以會成為徵才時權威的評估方法。反觀日本常用的普通面試（非體制化），相關係數為 0.38，平方後有 14％左右的說明能力。雖然比什麼都不做來得好，但即使如此也還是要認命接受，無法預測的部分會很多。

　　儘管以色列、法國和某些國家的做法是靠筆跡來評估，但不出所料，相關係數只有 0.02，連平方都不用算，就知道完全沒有說明能力。

相關係數闡明遺傳的影響

　　大家認為自己的智力受到遺傳影響的百分比有多大？

　　智力也有各種形式，這裏是以智力測驗測出的結果為準。然後要簡單假設智力取決於遺傳和環境這 2 個因素，後者包括家庭和教育等

注四：將過去一個以上的研究結果重新進行綜合分析。

【圖表 6-7】工作成效與錄取時評估方法之關係（相關係數）

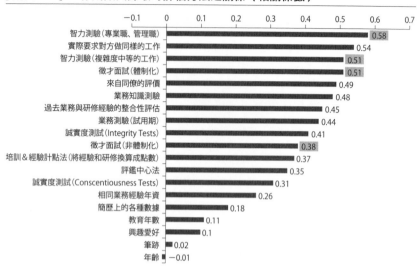

（出處）作者根據 Frank L. Schmidt et al（.1998）"The Validity and Utility of Selection Methods in Personnel Psychology: Practical and Theoretical Implications of 85 Years of Research Findings," *Psychological Bulletin* 124(2):262-274 製作而成。

等。通常我在課堂中提出這個問題時，學生的意見會南轅北轍。有人覺得遺傳的影響微乎其微，有人則覺得智力幾乎取決於遺傳，答案分布甚廣。

那要用什麼方法才能估算遺傳對智力的影響？

既然分析在於比較，最淺顯易懂的方法就是比較智力。比較前要從遺傳或環境因素單獨歸納成其中一種。通常人類的基因有所差異，但其實社會上存在基因完全相同的特殊案例。

那就是同卵雙胞胎。為了觀察基因對智能和其他各種能力和行動的影響，專家會針對同卵雙胞胎和異卵雙胞胎進行研究。其實異卵和同卵雙胞胎只有環境因素不同，從雙方各自的相關係數，就可以計算遺傳因素的影響程度。假設同卵雙胞胎智力的相關係數為 r 同卵，異

卵雙胞胎的相關係數為 r 異卵，就能藉由以下簡單的算式[注五]估算遺傳的影響：

遺傳因素＝ 2（$r_{同卵} - r_{異卵}$）

→算式稱為法柯納公式（Falconer method），數值為遺傳率（遺傳的影響率）

比方說，智力當中的語言智力，同卵雙胞胎的相關係數 r 同卵為 0.86，異卵雙胞胎的相關係數 r 異卵為 0.6，所以能計算出遺傳率為 2×（0.86 － 0.60）＝ 52％。依照這種觀念求出的遺傳率數據就如【圖表 6-8】所示，僅供參考。

雖然計算結果因項目而異，不過遺傳因素的影響程度橫跨許多能力和性格項目，數量至少有一半左右。至於是「竟然有一半」還是「只有一半」，就看各位的解讀了。

因為幸福所以會成功？

第四章第二節當中，我們透過圖表看到「幸福就會長壽嗎」的相關數據。一般來說，以往許多人相信「成功→幸福」，至今仍然沒變。雖然他們不是把幸福當成最高目標的亞里斯多德，許多人卻關心要怎麼獲得幸福，於是最近就出現許多關於幸福的研究。

【圖表 6-9】介紹的是歸納過去許多研究的研究（後設分析），其中指出因果關係的方向反而是「幸福→成功」，跟許多人以為的相反。

注五：$r_{同卵}$＝ 100％ × 遺傳因素＋共享環境因素
　　　$r_{異卵}$＝ 50％ × 遺傳因素＋共享環境因素
　　　遺傳因素＋共享環境因素＋非共享環境因素＝ 1
　　　異卵雙胞胎的遺傳因素係數為 50％時，基因一致的比例期望值為 50％。

【圖表6-8】遺傳與環境對性格與認知能力的影響程度

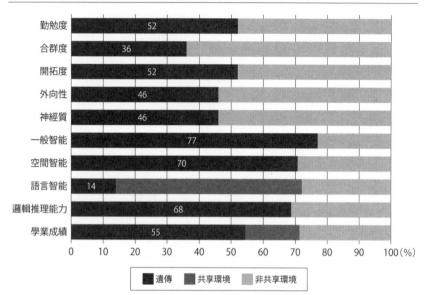

（注）圖表當中的遺傳率計算並非簡單的法柯納公式，而是採用精確度更高的方法（SEM）。
（出處）作者根據安藤壽康（2014）《遺傳與環境的心理學》（暫譯，原名『遺伝と環境の心理学』培風館）
　　　製作而成。

【圖表6-9】因為幸福所以會成功？

橫剖面數據

	相關係數	研究案例
工作（成效等）	0.27	19
社會關係（結婚等）	0.27	22
健康（壽命等）	0.32	19

縱剖面（時間序列）數據

	相關係數	研究案例
工作（成效等）	0.24	11
社會關係（結婚等）	0.21	8
健康（壽命等）	0.18	26

（出處）S. Lyubominrsky et al. (2005). "The Benefits of Frequent Positive Affect: Does Happiness Lead to Success?" *Psychological Bulletin* 131(6): 803-855.

雖然相關是因果關係的必要條件，不過單憑橫剖面呈相關，就分不出什麼是原因，什麼是結果，所以還要加上縱剖面（時間序列）研究的分析，以表明幸福的狀態是成功的先行條件。

從兩者的結果（橫剖面、縱剖面）能夠發現，無論在工作、社會關係、健康的各個方面，幸福和成功都呈正相關，也就是通常愈幸福就愈成功。另外，當幸福先於成功之前時也可以窺見同樣的傾向。可見事實並非一般人相信的「因為成功所以會幸福」，反而是「因為幸福所以會成功」。

大數據與相關係數

大數據時代來臨，相關係數逐漸在周遭扮演重要的角色。到網路商店購物時，經常可以看到許多網站有推薦的功能，表明「這是推薦給你的商品」。

其實這裏會用到相關係數。相關係數也可以當成表示類似和相仿程度的指標。

首先要計算你和其他顧客購買紀錄和瀏覽紀錄的相關係數，然後要把相關係數高的顧客，也就是跟你的購買紀錄和瀏覽紀錄相似的顧客，跟你的購買紀錄和瀏覽紀錄相比，再將差異大的商品拿出來「推薦」。

【圖表 6-10】是先設想有一間商學院，再將其修課推薦名單建立簡單的模型。現在鈴木同學需要別人推薦接下來要修的科目，之前他已經修過科目 A 和科目 B。那麼，各位會推薦什麼科目給鈴木同學呢？

要考量的事情十分簡單。跟鈴木同學修課紀錄相似的人，他的選課模式跟鈴木同學的選課模式必定相似。因此，只要找出跟鈴木同學

【圖表 6-10】選課的推薦考量

推薦

修習科目	科目A	科目B	科目C	科目D	科目E	科目F	科目G	科目H	科目I	科目J	相關係數
鈴木同學	1	1	0	0	0	0	0	0	0	0	
A同學	1	0	1	1	1	0	0	1	0	0	− 0.00
B同學	1	1	0	0	0	1	0	1	0	0	0.61
C同學	0	0	1	0	1	1	0	1	1	0	− 0.50
D同學	1	1	0	0	0	1	0	0	0	0	0.76
E同學	0	0	1	0	1	0	1	1	1	1	− 0.61
F同學	1	1	0	1	1	1	1	1	1	0	0.10
G同學	1	1	0	1	1	1	1	1	1	0	0.25
H同學	0	0	0	1	0	1	0	0	1	1	− 0.41

推薦度	—	—	0	0	0	1	0	0.5	0	0

（注）推薦度是從其他學生的選修（修過為 1，沒修過為 0）當中找出與鈴木同學高度相關的對象（＞ 0.5）再平均起來。

修課紀錄相似的人，將那個人已經修過但鈴木同學還沒修過的科目推薦出去，準不會有錯。

記錄修課與否時，1 表示修課的科目，用 0 表示沒修的科目，再以相關係數評估修課記錄是否相似。假如有人擁有一定以上的相關係數，就將他上過但鈴木同學還沒修過的科目推薦出去。從這裏的計算中可知要推薦科目 F。跟鈴木同學高度相關的人是 B 同學和 D 同學，而 B 同學和 D 同學上過但鈴木同學沒上過的就是科目 F。

這裏的關鍵在於推薦時完全不必說明因果關係，解釋為什麼鈴木同學接下來該修科目 F。這裏只會用到類似度和相關，跟因果關係的有無完全沒關聯。

第一章當中提到分析的目標是闡明因果關係，藉由行動拿出結果。

這件事本身重要歸重要，但其實在大數據的世界中，不懂因果關

【圖表 6-11】　相關分析的流程

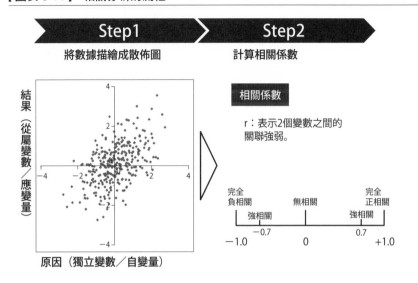

係也無妨（更貼切地說，因果本來也就很複雜，還難以掌握什麼對什麼有效），反而是相關比較要緊。

最後則要將散佈圖到相關係數的分析流程重新彙整成【圖表6-11】。

2　簡單迴歸分析（一元迴歸分析）

　　相關係數會暗示 2 個變數之間的關係高低，不過以前面的例子來說，卻沒有呈現出專有面積多大時租金會有多少。將這份關係化為算式再分析的方法就是迴歸分析。

　　迴歸分析號稱是統計分析方法當中最常用的方式。或許商務中不會天天用，但學術論文和白皮書和其他公家文件都經常在用。假如可以了解分析的含義，世界就會大為寬廣。我們至少要熟練到能夠明白和解釋分析結果的意義。

■■ 2-1　迴歸分析的概念

　　涉及經營管理的現象通常很複雜，要說明某個現象，就必須衡量一個以上的原因。迴歸分析可以透過多種因子組成的算式將該現象說明如下：

$$y = a_1x_1 + a_2x_2 + a_3x_3 + \cdots + a_kx_k + b$$

　　這個例子是以一次方程式（x 的加減運算）表示，除此之外還有運用對數和指數的算式，運用 x 乘方像是 x_2、x_3 之類的多項式等等。只不過，通常商務上的情況很單純，經常使用前面談到的一次方程式。左邊的 y 會因右邊的 x 值而改變，稱為應變量或從屬變數，x 則稱為自變量或獨立變數。另外，b 稱為常數項，a_k 稱為偏迴歸係數（partial regression coefficient）[注六]。

　　其中，自變量為一個的算式稱為簡單迴歸分析，一個以上的則稱

【圖表 6-12】最能套用在數據的直線是……

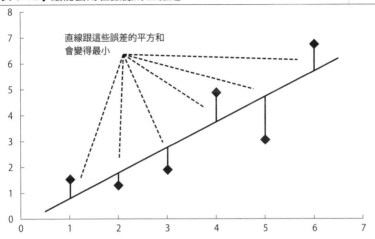

為複迴歸分析。因此，簡單迴歸的模型可以簡單用以下算式表示：

$$y = ax + b$$

　　簡單迴歸分析相當於以視覺化方式，替散佈圖上的數據繪製最適合套用的直線。當然，要是把心一橫憑著主觀將直線畫進圖表中也不是不行，但這麼一來直線就會因人而異，無法重現。

　　簡單迴歸分析是在「最適合套用」的意義之下，以客觀的角度畫出直線，讓實際的數據和直線之間的偏移縮到最小。

　　具體的分析就如**【圖表 6-12】**，從各個數據落到迴歸直線的直線長度平方和要視為誤差，也就是直線會將誤差縮到最小。由於是將平方的總和縮到最小，所以又稱為最小平方法（〔least square method〕

注六：有時也常會省略偏字，只稱之為迴歸係數（regression coefficient）。

【圖表 6-13】迴歸直線的特徵

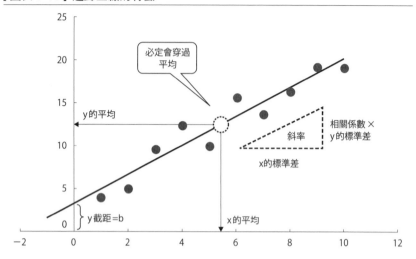

或最小二乘法）。雖然想要憑著直覺將距離（絕對值）的總和縮到最小，但以數學方法操縱很容易，所以要求出迴歸直線，將平方和縮到最小。

事實上，平均值這個代表值也如下面的算式所示，是將各個數據到平均值之間的距離平方和最小化得到的數值。這項觀念跟迴歸直線的求法也極為相似。

$$\sum_{i=1}^{n} (x_i - a)^2$$ ：這裏的 x_i 是數據，將這個算式最小化的 a 是算術平均。

迴歸式本身能以 Excel 的分析工具輕易求出，因此完全不必記住迴歸式的公式。

對此感興趣的人可以先記住以下 2 個條件，這樣就能以比較簡單的方法求出迴歸式的公式（請參考【圖表 6-13】）。

①迴歸式的斜率為 $r\dfrac{SD_y}{SD_x}$（r 為 x 和 y 的相關係數，SDy 為 y 的標準差，SDx 為 x 的標準差）。

②迴歸式一定會穿過 x 和 y 的平均值（$\bar{x}, \bar{y}$）。

依照上述 2 個條件，設 y 截距（y 軸與迴歸直線的交叉點）為 b 之後，則為：

$$\bar{y} = r\dfrac{SD_y}{SD_x}\,\bar{x} + b$$

$$b = \bar{y} - r\dfrac{SD_y}{SD_x}\,\bar{x}$$

因此，迴歸式為：

$$\bar{y} = r\dfrac{SD_y}{SD_x}\,x + \bar{y} - r\dfrac{SD_y}{SD_x}\,\bar{x}$$

那我們就用 Excel 的「分析工具＞迴歸」分析一下租金與面積的關係吧。分析結果與圖表就如【圖表 6-14】和【圖表 6-15】所示。另外，數值標示當中，E＋n 代表 10 的 n 次方，E－n 則代表 10 的 n 次方根。比方說，E+3 是 10 的 3 次方等於 1000，E－3 則是 10 的 3 次方根等於 0.001。

截距與係數

最匹配的算式係數就如【圖表 6-15】的最下面所示。

最下面的截距是一次方程式的常數項，專有面積是面積的係數。由此可知迴歸直線為：

租金 = 3,355 日圓／㎡ × 面積（㎡）＋ 13,459 日圓

【圖表6-14】從 A 車站徒步範圍的單房公寓寬敞度與租金之關係

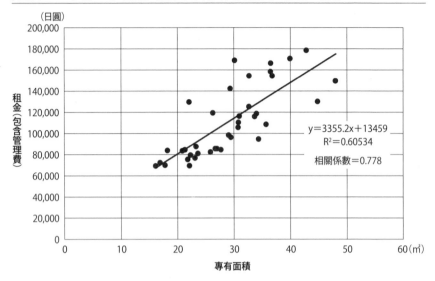

【圖表6-15】單房公寓寬敞度與租金之關係（分析結果）

	迴歸統計
重相關係數R	0.778
重決定係數R²	0.605
修正後的R²	0.595
標準誤	21730.4
觀察值個數	42

	自由度	SS	MS	F	顯著值
迴歸	1	2.897E＋10	2.897E＋10	61.35	1.3338E－09
殘差	40	1.889E＋10	472208520		
合計	41	4.786E＋10			

	係數	標準誤	t分	P-值	下限95%	上限95%
截距	13,459	12,758.47	1.05	0.30	－12,327.14	39,244.54
專有面積	3,355	428.35	7.83	0.00	2,489.51	4,220.98

（注）上表為使用 Excel 的分析工具「迴歸」所得出的結果。

　　從這個算式可知，持有 25 平方公尺的單房公寓時，租金行情為 9 萬 7340 日圓。

重相關係數

　　系統輸出的名稱聽來嚇人，但簡單迴歸中其實就是前面提到的相關係數。意義的解釋就參考以下決定係數來理解。

重決定係數

　　簡單迴歸中就稱為「決定係數」。將決定係數改成百分比之後就會展現說明能力，即在應變量的變異數當中，能以自變量的變異數說明的比例（迴歸式匹配的程度）。商務中可以簡單理解為自變量能夠說明的應變量的百分比是多少。

　　從相關係數的平方也可以發現，數值會在 0 與 1 之間（$0 \leq R^2 \leq 1$）。從這個例子可知決定係數為 0.6053，也就是 60％的租金變動能以面積來說明。

■■ 2-2　決定係數的意義：什麼是說明能力？

　　這裏要用 Excel 的迴歸分析結果，說明決定係數的意義是什麼，以供感興趣的人參考。假設在迴歸分析之前有人提供數據，要麻煩你從 x 預測 y，你會怎麼做？由於這時很難個別預測，因此要先用平均值預測 y。

　　這時要將 y 值減掉用做為預測值的 y 的平均值將其平方加總（總平方和），做為實際值和預測的誤差大小。這就相當於 Excel 迴歸分析結果表當中的變異數分析表變動合計（【圖表 6-16】的迴歸分析結果之下，計算出平方和就等於這個數值〔【圖表 6-15】中，SS 的合計〕。

以上僅供參考）。

另一方面，進行迴歸分析將直線套進去預測之後，誤差就會縮小。這時，就要將預測值和實際值的差值平方和（殘差平方和），當成使用迴歸分析後的結果誤差大小。這就相當於 Excel 迴歸分析結果表當中的變異數分析表殘差變動 SS 的殘差解。也就是說，用 y 的平均值預測時，僅有殘差平方和是無法說明的地方，換句話說，其他的部分已經被解釋了。

如【圖表 6-17】所示，決定係數就是原本的總平方和當中，能以迴歸直線說明的比率（也就是 1 減掉無法說明的比率）。

決定係數＝ 1 －（殘差平方和／總平方和）

預測值和平均的差值平方和稱為迴歸平方和，關係如下：

總平方和＝迴歸平方和＋殘差平方和

因此，決定係數也可用以下算式表示：

決定係數＝迴歸平方和／總平方和

總平方和除以數據的數量就等於這個定義之下的變異數，所以決定係數可以解釋為應變量的變異數當中，能以迴歸直線說明到什麼程度。

最後是將散佈圖和簡單迴歸分析的觀念歸納為【圖表 6-18】。

【圖表 6-16】 R^2 的具體計算方法

	迴歸統計
R	0.778038
R^2	0.605343
修正後的 R^2	0.595477
標準誤	21730.36
觀察值個數	42

→變成 R^2

檢查是否一致

	自由度	SS	MS	F	顯著值
迴歸	1	2.897E+10	2.897E+10	61	0
殘差	40	1.889E+10	4.722E+08		
合計	41	4.786E+10			

	係數	標準誤	t統計	P-值	下限95%	上限95%
截距	13,458.70	12,758.47	1.05	0.30	−12,327.14	39,244.54
專有面積（㎡）	3,355	428.35	7.83	0.00	2,489.51	4,220.98

數據編號	x	y	以迴歸式求出的y推算值	y推算值−y平均值（a）	a的平方	y−y的平均（b）	b的平方
1	22.15	69,000	87,777	−22,104	4.886E+08	−40,881	1.671E+09
2	17.83	70,000	73,283	−36,599	4.886E+08	−39,881	1.591E+09
3	24	80,000	92,743	−17,138	2.937E+08	−29,881	8.929E+08
~~4~~	~~27.56~~	~~84,000~~	~~106,600~~	~~−3,281~~	~~1.0757E+08~~	~~25,881~~	~~6.698E+08~~
40	40.04	170,000	147,803	37,921	1.438E+09	60,119	3.614E+09
41	42.82	178,000	157,130	47,249	2.232E+09	68,119	4.640E+09
42	30.2	169,000	114,787	4,906	2.407E+07	59,119	3.495E+09
平均	29	109,000	109,881	合計→	2.897E+10	合計→	4.786E+10

決定係數　2.897E+10　÷　4.786E+10　＝　0.6053

【圖表 6-17】R^2 的觀念

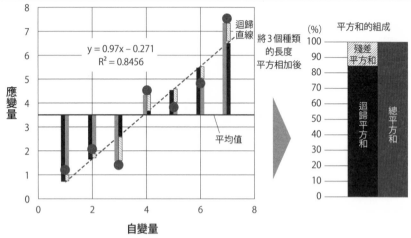

【圖表 6-18】散佈圖與簡單迴歸分析

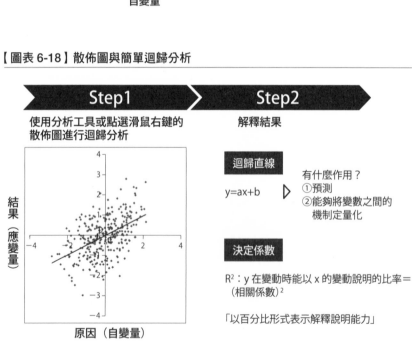

改變戰略歷史的散佈圖

　　散佈圖和簡單迴歸分析在視覺上也淺顯易懂，極為適合掌握事物本質的關聯性和因果關係。因此在商業的領域當中，只要有了數據，連各位都能輕鬆畫出散佈圖，呈現規模經濟和其他許多定律。

　　商業領域中的知名雜誌《哈佛商業評論》曾以〈改變世界的圖表〉為題，從影響管理學的角度選出五種圖表（成長／市占率矩陣、經驗曲線、破壞性創新、五力、市場金字塔），其中的經驗曲線是簡單的散佈圖，成長／市占率矩陣則是以經驗曲線為基礎，進一步運用散佈圖對企業業務進行了分類。

　　經驗曲線是 1960 年代波士頓顧問公司發現的經驗法則。每當累積生產量加倍時，成本就會降低 20 到 30%左右。這意味著透過經驗和學習的累績會提升熟練度，成本會因為改善生產線和其他諸多效應而逐漸下降，無論在個別企業層級或產業層級都可以成立。

　　【圖表 6-19】是將太陽能電池、風力和其他能源成本與累積設備容量的關係擷取對數標示在散佈圖上，這本身就是經驗曲線。比方像太陽能電池的部分就可以發現，當累積的設備容量變為 2 倍後，成本就變為將近 80%（PR）(注八)，也就是成本改善 20%。

　　經驗曲線的策略意義其實極為重大。成本會依照累積經驗量（＝累積生產量）下降，另一方面，既然企業間的相對累積經驗量取決於市占率，只要取得市占率之冠，面對競爭時就可以在成本層面上站穩優勢。也就是說，從成本層面來看，以市場占有率為目標是很合理

注七：“The Charts That Changed the World”（https://hbr.org/2011/12/the-charts-that-changed-theworld）．

注八：PR（progress ratio）稱為進步比例，指的是累積生產量變成 2 倍時的成本比。

的。

　比方説，假如面對競爭之際，時常將市占率設定為對手的2倍，就算起跑點一樣，由於累積生產量維持在對手的2倍，面對競爭時成本就能達到低於對手的20至30%左右。

　經驗曲線是成長／市占率矩陣的重要基礎。第四章第三節介紹過，波士頓顧問公司所開發的另一個重要的圖表就是成長／市占率矩陣，這也是橫軸設為相對市占率的理由之一。

　成長／市占率矩陣將企業的事業依照相對市場市占率和成長率分成四類，以便管理事業。金牛事業創造的財富要投入問題兒童或明星當中，瘦狗則要關閉或售出事業。隨著時間經過，問題兒童會變成明星或瘦狗，金牛有一天會衰退，變成瘦狗，這種情形之下，就有可能以現金流量為中心發展事業的故事。

【圖表 6-19】能源成本與累積設備容量的關係

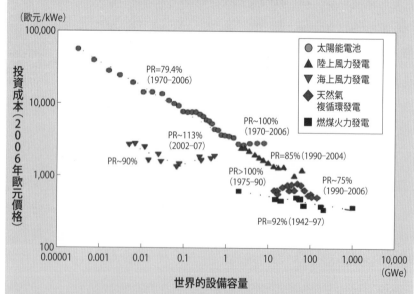

（出處）http://www.green-x.at/RS-potdb/potdb-long_term_cost_tech_change.php

3 ｜ 複迴歸分析（多元迴歸分析）

前面公寓租金的簡單迴歸分析案例當中，決定係數為 0.60，也就是租金的變動中有 60％可以用面積說明。現在我們就試著增加資訊量，具體來說就是增加自變量的數量，好讓說明能力更上一層樓。

複迴歸分析要使用 2 個以上的自變量，目標是要說明想要釐清的現象。我們在第一章看到分析的本質在於比較，而在分析時的一個關鍵是，除了關心的因素以外，其他的條件要保證一致。

然而，除非能夠進行實驗，否則要保證其他條件一致是很困難的。複迴歸分析就是在湊不齊條件時運用算式，藉由「假想」蘋果對蘋果的比較方法。

另外，通常應變量是定量的連續數據，但也可以用 2 個定性變量當成應變量（邏輯迴歸分析〔logistic regression analysis〕），比方是否通過了測驗。

這裏影響租金的因素除了面積之外，還要加上 2 個自變量，就是離車站多遠的「徒步(分)」，以及建造後過了多久的「建築年數(年)」。

用 Excel 的「資料＞分析工具＞迴歸」分析的結果就如【圖表 6-20】所示。簡單迴歸分析也一樣，結果乍看之下很複雜，不過該觀察的重點則只有三個地方（迴歸統計、係數、P 值〔p-value〕）。

截距與係數

最適合套用的算式係數就如【圖表 6-20】的最下方所示。

最下面的截距是一次方程式的常數項，還記載各種變數的係數。由此可知迴歸直線為：

【圖表6-20】公寓租金的複迴歸分析

	迴歸統計
重相關係數 R	0.960
重決定係數 R^2	0.921
修正後的 R^2	0.915
標準誤	9,969.013
觀察值個數	42

	自由度	SS	MS	F	顯著值
迴歸	3	4.408E+10	1.469E+10	147.861	5.35175E−21
殘差	38	3.776E+09	9.938E+07		
合計	41	4.786E+10			

	係數	標準誤	t統計	P-值	下限95%	上限95%
截距	112,084.88	9,925.82	11.29	0.00	91,991.12	132,178.64
徒步（分）	−2,988.29	526.18	−5.68	0.00	−4,053.49	−1,923.09
專有面積（㎡）	1,847.19	233.69	7.90	0.00	1,347.11	2,320.26
建築年數（年）	−1,639.26	149.52	−10.96	0.00	−1,941.95	−1,336.56

租金＝－2,988日圓／分 × 徒步（分）＋1,847日圓／㎡ × 面積（㎡）－1,639日圓／年 × 建築年數（年）＋112,085日圓

　　從這個算式可知，持有 25 平方公尺的單房公寓時，要從 A 車站徒步走 5 分鐘，建築年數為一年，考慮到時間距離和建築年數，租金行情為 14 萬 1681 日圓。

　　透過這個算式可以發現，每多徒步一分鐘租金就會便宜 2988 日圓，另外，建築年數每過一年就便宜 1639 日圓。

R 平方

　　通常跟簡單迴歸一樣稱為「決定係數」，表示整個迴歸式的精確度和說明能力。決定係數可以用百分比表示，表示應變量的變異數當

中，能以自變量變動說明的比例（迴歸式匹配的程度）。換句話說，就是代表自變量能夠說明應變量到多少百分比的程度。

　　從相關係數的平方也可以發現，R平方的數值會在零與一之間（0 ≦ R^2 ≦ 1）。這個例子當中是 0.92，也就是 92％的租金變動能以面積徒步和建築年數三者來說明。跟簡單迴歸的 60％相比，可知說明能力大幅提升。

修正後的 R 平方

　　一般稱之為「由自由修正度後的決定係數」。決定係數的特性在於自變量的數量增加愈多就愈大，假如有幾個迴歸式可以當候補，就要考慮到自變量的數量，選擇修正後的 R^2 更高的迴歸式。複迴歸分析時要選擇的迴歸式不是依據決定係數，而要參考這個數值。

P 值

　　Excel 當中是以「P 值」表示，要針對各個係數計算，表明一個個係數是否具有統計學的意義（其實是 0，但是由於樣本關係得到偶然的結果）。這個值又稱為危險率，愈接近 0 就愈好，假如數值很大，就最好不要採用這個自變量。

　　P 值一般來說以百分比（％）表示，假如比指定的機率（比方說P 值 0.1 = 10％）還要大時，就最好不要採用為自變量。

　　然而，10％這個危險率標準沒有統計上的根據，只不過是習慣用來當作難以發生的機率標準。第五章也談到從投擲硬幣的實驗當中，人類也覺得這種現象難以發生，發生機率低於 10％。

　　其實，這裏用到了歸謬法的觀念。做法是建立（想要否定的）假說，宣稱獲得的自變量係數「其實是零」(≒這個自變量沒有意義)，

這麼一來就會發生不合常理的事情，所以會判定原本的係數不是零，帶有意義。具體來說P值是要表示在這個假定（想要否定，其實是零）之下，觀察到這次數據的機率。

■■ 3-1 導入定性變量（（qualitative variable），又稱為分類數據）的複迴歸分析

目前為止的分析涉及到租金、面積和建築年數的數值數據。結果，修正後的 R^2（調整自由度後的決定係數）為 0.91，能夠建立說明能力相當高超的迴歸式，但這時會冒出一個念頭，房間的方位（坐北朝南與否）不會影響租金嗎？這種質性變數，類別數據該怎麼挪用到迴歸式裏呢？

質性變數能夠藉由「虛擬變數」（dummy variable）挪用到複迴歸分析當中。虛擬變數通常會取零和一的值，比方說想要導入「坐北朝南」的新變數時，具體做法就是透過以下的形式將數量數據化：

坐北朝南（坐北朝南＝1）
除此以外（坐北朝南＝0）

假如想要嚴格區分坐北朝南、坐南朝北和除此以外這三種類別時，該怎麼做才好？這種情況下要準備2個虛擬變數。換句話說，就是要用「坐北朝南」和「坐南朝北」這2個變數區隔成以下類別：

坐北朝南時（坐北朝南＝1，坐南朝北＝0）
坐南朝北時（坐北朝南＝0，坐南朝北＝1）
除此以外時（坐北朝南＝0，坐南朝北＝0）

可能有人會問，為什麼「虛擬變數」的數量會少一個，以第一種情況為例，兩者皆為 0 的時候就相當於除此以外，所以不必多此一舉。導入虛擬變數時，種類總是要比類別數少一個。

現在讓我們從【圖表 6-21】看看實際導入「坐北朝南」變數的結果。

自變量增加之後，就會發現 R 平方（決定係數）為 0.921，跟之前的模型一樣，不過修正後的 R 平方則從 0.915 減少到 0.913。也就是說，「坐北朝南」的變數不在其中，自變量更少的模型會比較好。

再者，「坐北朝南」變數的 P 值（危險率）為 88％，遠超過標準的 10％，無法否定這個變數其實是 0（沒有意義）的假說。

難得在思考坐北朝南是否會影響租金，但在這次的例子當中，卻

【圖表 6-21】公寓租金的複迴歸分析：追加「坐北朝南」的變數

	回歸統計
重相關係數 R	0.960
重決定係數 R²	0.921
修正後的 R²	0.913
標準誤	10099.931
觀察值個數	42

	自由度	SS	MS	F	顯著值
迴歸	4	4.409E＋10	1.102E＋10	108.04	7.1E−20
殘差	37	3.774E＋09	1.020E＋08		
合計	41	4.786E＋10			

	係數	標準誤	t統計	P-值	下限95%	上限95%
截距	112,251.20	10,120.67	11.09	2.53161E−13	91,744.8	132,758
徒步（分）	−2,991.14	533.45	−5.61	2.1381E−06	−4072	−1,910.3
專有面積（㎡）	−1,636.02	153.10	−10.69	7.2971E−13	−1,946.25	−1,325.8
建築年數（年）	1,843.80	237.89	7.75	2.904E−09	1,361.79	2,325.82
坐北朝南	−571.23	3,918.12	−0.15	0.88	−8510.1	7,367.64

【圖表 6-22】公寓租金的複迴歸分析：以虛擬變數 1 和 2 追加「坐北朝南」的要素

	回歸統計
重相關係數 R	0.960
重決定係數 R^2	0.921
修正後的 R^2	0.913
標準誤	10099.931
觀察值個數	42

	自由度	SS	MS	F	顯著值
迴歸	4	4.409E+10	1.102E+10	108.04	7.051E−20
殘差	37	3.774E+09	1.020E+08		
合計	41	4.786E+10			

	係數	標準誤	t統計	P-值	下限95%	上限95%
截距	111,108.74	12,081.18	9.20	2.53161E−13	86,629.94	135,587.54
徒步（分）	−2,991.14	533.45	−5.61	2.1381E−06	−4,072.01	−1,910.26
專有面積（㎡）	−1,636.02	153.10	−10.69	7.2971E−13	−1,946.24	−1,325.80
建築年數（年）	1,843.80	237.89	7.75	2.904E−09	1,361.79	2,325.82
坐北朝南	571.23	3,918.12	0.15	0.88	−7,367.64	8,510.10

可從計算結果發現加上「坐北朝南」意義不大，反而不含這個變數的模型還比較好。

虛擬變數的使用上有個常見的問題，那就是能不能別用 0 與 1。難道 1 和 2 就不行嗎？問卷當中的選項似乎會安插這樣的數值，就算有人這麼問也並非沒有道理。假如將坐北朝南設為 1，除此以外設為 2，會發生什麼事呢？

我們就在【圖表 6-22】實際計算一下。

跟前面的算式相比後可知，坐北朝南的係數與截距會變化，其他係數則完全相同。只不過，要解釋係數時就會很難懂。設定為 0 與 1 的時候，立即就能發現坐北朝南的效應為「負 571 日圓」，但在設定為一與二的時候，就必須要將坐北朝南（1）的效應減掉除此以外（2）

【圖表 6-23】公寓租金的複迴歸分析（使用 Excel 統計時）

迴歸式的精確度 複相關係數		決定係數		杜賓－瓦特森統計值（Durbin-Watson statistic）	赤池信息量準則（AIC，Akaike information criterion）
R	調整的 R	R 平方	調整的 R 平方		
0.9597	0.9565	0.9211	0.9149	1.8652	777.2044

迴歸式的顯著性（變異數分析）

因素	平方和	自由度	平均平方	F 值	P 值
迴歸變動	44,083,680,660	3	14,694,560,220	147.8605	0.0000
誤差變動	3,776,486,580	38	99,381,226		
整體變動	47,860,167,240	41			

包含在迴歸式內的變數（偏迴歸係數、信賴區間等）

變數	偏迴歸係數	標準誤	標準偏迴歸係數	偏迴歸係數的95%信賴區間 下限值	上限
徒步（分）	−2,988.29	526.18	−0.26	−4,053.49	−1,923.09
建築年數（年）	−1,639.26	149.52	−0.59	−1,941.95	−1,336.56
專有面積（㎡）	1,847.19	233.69	0.43	1,374.11	2,320.26
常數項	112,084.88	9,925.82		91,991.12	132,178.64

	偏迴歸係數的顯著性檢定 *：P<0.05 F 值	t 值	P 值 **：P<0.01	與應變量的相關 單相關	偏相關	多重共線性的統計量 容忍值	VIF
徒步（分）	32.25	−5.68	0.0000 **	−0.36	−0.68	0.98	1.02
建築年數（年）	120.19	−10.96	0.0000 **	−0.84	−0.87	0.72	1.39
專有面積（㎡）	62.48	7.90	0.0000 **	0.78	0.79	0.71	1.41
常數項	127.52	11.29	0.0000 **				

的效應。實際計算一下 571 − 571×2，得出「負 571 日圓」，拐彎抹角真是麻煩。使用虛擬變數時還是乖乖設定成 0 與 1 就好。

■■ 3-2　哪種自變量的效應最強？

　　課堂當中學生經常問我：「一個以上的自變量當中，最影響結果是哪個？」

　　我們來看看【圖表 6-23】。這是用日本市售的外掛軟體「Excel 統計」，將租金分析的結果再次拿來分析。做迴歸分析時也常用 Excel 標準功能以外的軟體，所以這裏我們就用 Excel 以外的結果做為參

考。應該觀察的重點是【圖表 6-23】的三個地方（迴歸式的精確度、偏迴歸係數、P 值），表格的其他部分就暫時放著不管。這裏的自變量為「徒步所需時間」、「專有面積」和「建築年數」這三種，但到頭來效應最強，最影響租金的是哪個呢？

剛開始學生經常回覆的答案是：「既然迴歸係數的絕對值是 2988.29，那麼效應最強的應該是徒步所需時間吧？」各位是否也有一瞬間這樣想呢？

這是迴歸分析當中容易掉進的陷阱，其實影響應變量的程度無法憑迴歸係數絕對值的大小來判斷。只要依照以下思路去想就可以輕易明白這一點。

接下來的結果要以同樣的步驟將徒步所需時間換算成秒，而不是分鐘。既然只有單位改變，本質就會完全不變。只有徒步的迴歸係數看得出改變，將原本的 2988.29 除以 60，等於 49.8（請參考【圖表 6-24】）。

換句話說，假如數據的單位改變，迴歸係數就有可能在本質完全保持不變的情況下改變。因此，迴歸係數的大小關係也就有可能大幅改變。從比較來看不是蘋果比蘋果，而是蘋果比橘子。

許多統計軟體會強制將單位統一（藉由標準化將平均化為 0，標準差化為 1），同時呈現迴歸分析後的結果，以便能夠比較係數。上述的結果當中，與此相當的就是「標準偏迴歸係數」（standardised

【圖表6-24】公寓租金的複迴歸分析（改以秒計算徒步時間）

變數	偏迴歸係數	標準誤	標準偏迴歸係數
徒步（秒）	−49.80	8.77	−0.26
建築年數（年）	−1,639.26	149.52	−0.59
專有面積（㎡）	1,847.19	233.69	0.43
常數項	112,084.88	9,925.82	

partial regression coefficient)。從標準偏迴歸係數的絕對值比較結果可知,其實最影響租金的是建築年數。

遺憾的是,Excel 提不出標準偏迴歸係數的分析結果,但可以從【圖表 6-23】的 t 值絕對值大小掌握大致的趨勢。t 值的絕對值以建築年數的 10.96 最大,與標準偏迴歸係數的分析結果對應。

標準偏迴歸係數和 t 值都會透露影響力的大小,但不能馬上明白結果差異多大,這也是事實。要觀察對租金影響多大,最好從各自變量的數據實際最大值和最小值,具體觀察對結果的影響,這樣會比較好懂。

【圖表 6-25】是運用各個自變量,呈現以另外的迴歸式計算出來的租金差了多少。從圖表中可知建築年數的影響最大,租金出現 6 萬4000 日圓左右的差額。

■■ 3-3　樣本數要多少才夠?

課堂當中學生還常問一個問題:「分析時要多少樣本數才夠?」

首先,樣本數(n)必須至少比自變量的數量(p)多出 2 個(n > p + 1),假如樣本數比這還少,迴歸式就不能運算。

假如將簡單迴歸分析畫成示意圖,比方像【圖表 6-12】一樣,或許就能輕易明白這一點。既然自變量有一個,樣本數最少必須有 3個。假如樣本數有 2 個,畫出來的直線就一定會穿過這 2 點,迴歸分析本身就沒意義了。

一般來說樣本數愈多愈好。假如數據的數量太少,迴歸分析的結果就會非常依賴一個又一個數據,迴歸分析的結果也可能會因為數據些微的變化而再次大幅扭轉。通常要是情況允許,樣本數就必須在自變量數量的 10 倍左右。

【圖表 6-25】對各個自變量（最大值－最小值）的租金影響

專有面積（㎡）　　　　　　　　　　　58,851日圓

建築年數（年）　　　　　　　　　　　63,931日圓

徒步（分）　　　　　　　　35,859日圓

■■ 3-4　預測能力要如何測量？

　　假如要從幾道迴歸式當中挑最好的出來，不妨使用 Excel 的分析工具，從分析結果當中選擇修正後的 R 平方（由自由度修正後的決定係數）最大的。

　　不過，從商務當中的預測觀點來看，實在很難了解 R^2 能以多高程度的精確度預測，這也是事實。比方像是以租金的情況為例，許多上司聽到部下報告「我們選了修正後的 R^2 為 0.914 的預測公式」之後，沒有辦法立刻想像預測誤差的精確度。

　　以租金的情況來說，藉由比率掌握預測精確度會比較淺顯易懂。這裏要用誤差的比率呈現預測的精確度。方法十分簡單，只需將預測誤差的絕對值除以實際數值計算比率，再算出平均。這個方法就叫做平均絕對誤差率（MAPE，Mean Absolute Percentage Error）。

　　　MAPE ＝｛|以迴歸式計算的預測 －實際數值| ÷ 實際數值｝的
　　　　　　總數據平均

　　租金的例子當中，只要用最後選擇的迴歸式（不考慮「坐北朝南」這個變量）計算平均絕對誤差率，結果為 7.4%。

【圖表 6-26】簡單迴歸下的 MAPE 計算範例

No.	實際的數據 a	迴歸分析下的預測值 b	誤差 c＝b－a	MAPE（＝c/a 的絕對）
1	69,000	87,777	−18,777	27.2%
2	70,000	73,283	−3,283	4.7%
3	80,000	92,743	−12,743	15.9%
4	84,000	106,600	−22,600	26.9%
5	87,000	91,703	−4,703	5.4%
6	116,000	117,572	−1,572	1.4%
7	119,000	101,433	17,567	14.8%
40	170,000	147,803	22,197	13.1%
41	178,000	157,130	20,870	11.7%
42	169,000	114,787	54,213	32.1%
			平均→	15.1%

　　另一方面，剛開始只用到專有面積的簡單迴歸，其平均誤差率則為 15.1％，可見複迴歸分析會大幅提升預測精確度。現將簡單迴歸下的平均絕對誤差率計算範例列出來，僅供參考（請參考【圖表 6-26】）。

■▓ 3-5　複迴歸分析之下的自變量挑選法

　　考量到解釋和說明的難易度，迴歸式盡量減少自變量個數弄得簡單點會比較方便。挑選自變量的方法大致可分為二種：

①假說檢驗模式
②探索模式（自動選取）

　　①的方法是建立關於因果關係的假說，反覆驗證再選擇變數。單房公寓租金的案例就是用這個方法。得到的迴歸式不見得說明能力會最好，卻能輕易明白和說明為什麼要採用那個變數。
　　②的方法一般稱為逐步選取法（stepwise selection），是要投入所

有具備可能性的候選自變量，之後軟體再以固定的標準選擇最適合的模型。得到的迴歸式雖然說明能力很高，卻難以說明為什麼要採用那個變數。

二種方法都各有優缺點，實際上常用的卻是自動選擇變數。

R、SAS、SPSS 和其他統計用軟體，或是像 Excel 統計這種 Excel 的市售外掛程式，通常都有自動選取自變量的功能，會自動幫忙挑變數。

遺憾的是，Excel 當中沒有自動選取變數的功能，不過可以藉由手動操縱做出類似的效果。具體來說就是變數減少法，從蘊含所有變數的模型當中剔除變數。

【藉由變數減少法自動選取變數（使用 Excel）】

①基於假說，選出待選的應變量和自變量。

②藉由變數減少法鎖定自變量。

- 運用分析工具的相關係數，製作相關矩陣。為了防止多重共線性（〔multicollinearity〕參閱卷末附錄），相關係數 0.9 以上的變數要在這個階段之內從自變量中排除（通常會留下原因類）。

- 剛開始要使用所有的自變量，透過分析工具執行迴歸分析。

- 從結果當中剔除一個 P 值最大的自變量，建立迴歸式，重覆以上步驟直到自變量剩下一個為止。

- 選擇修正後的 R^2 最大的模型。

- 驗證：模型當中各個自變量的 P 值是否約略比 10％ 還要小？

以前面的租金分析為例，就是用上述的變數減少法，從列舉為候選變數的徒步所需時間、建築年數、專有面積和坐北朝南當中，選擇

最適合的模型。剛開始要用所有變數進行迴歸分析。

就如【圖表 6-27】所示，這個階段當中 P 值（0.88）最大的是坐北朝南的虛擬變數。要剔除坐北朝南的變數，進行下一步的迴歸分析。第二個步驟當中 P 值最大的是徒步所需時間，要剔除這個轉到下一個步驟。最後的步驟當中以專有面積 P 值最大，要剔除這個單憑建築年數進行最後一步的分析。

重複這道流程歸納結果後，就會變成【圖表 6-28】。想挑最適合的迴歸式，就要在 Excel 使用修正後的 R^2（由自由度修正後的決定係數）。這樣就會發現變數有三個（徒步、建築年數、專有面積）的模型當中，調整的 R 平方最高的模型最適合。

■■ 3-6　是預測，還是說明因果關係？

影響日本品質管理甚鉅的統計學家愛德華・戴明（W. Edwards Deming）說過以下這段話：

「統計學唯一的功用是預測，並藉由預測賦予行動的依據。」（The only useful function of a statistician is to make prediction, and thus to provide a basis for action.）

迴歸分析的目的大致可分為二種。一種就是戴明所說的「預測」，另一種則是以定量方式「說明」因果關係，進而付諸行動。很多時候人總要得到了因果的說明才肯行動，迴歸分析的結果也動輒用在因果性說明上。

然而，從結論來說，假如大家不想撰寫論文來呈現因果關係，我會建議各位在商務脈絡下運用迴歸分析時，要把主要目標放在預測上

【圖表 6-27】使用所有變數的迴歸分析（變數減少法的第一步）

	迴歸統計
重相關係數 R	0.960
重決定係數 R^2	0.921
修正後的 R^2	0.913
標準誤	10099.931
觀察值個數	42

	自由度	SS	MS	F	顯著值
迴歸	4	4.49E＋10	1.1021E＋10	108.04	7.051E－20
殘差	37	3.774E＋09	102008604		
合計	41	4.786E＋10			

	係數	標準誤	t統計	P-值	下限95%	上限95%
截距	112,251.20	10,120.67	11.09	3E－13	91,744.78	132,757.63
徒步（分）	－2,991.14	533.45	－5.61	2E－06	－4,072.01	－1,910.26
建築年數（年）	－1,636.02	153.10	－10.69	7E－13	－1,946.24	－1,325.80
專有面積（㎡）	1,843.80	237.89	7.75	3E－09	1,361.79	2,325.82
坐北朝南	-571.23	3,918.12	－0.15	0.8849	－8,510.10	7,367.64

【圖表 6-28】變數減少法的分析結果

	步驟	修正後的 R^2	R^2	徒步（分）	建築年數(年)	專有面積（㎡）	坐北朝南
1	所有變數	0.91261	0.92114	✓	✓	✓	✓
2	減少1個變數	0.91486	0.92109	✓	✓	✓	
3	減少2個變數	0.84664	0.85412		✓	✓	
4	減少3個變數	0.69160	0.69912		✓		

（請參考【圖表 6-29】）。以下將分述三大理由：

首先，透過迴歸分析會發現變數之間的共變與相關，但這些終究不見得就是因果關係本身。前面介紹過夏季冰淇淋和啤酒的銷售額呈高度相關。假設要運用這則相關，從迴歸分析得出以下的算式：

冰淇淋的銷售額＝ α × 啤酒的銷售額＋ β

【圖表 6-29】適合迴歸分析目標的程度

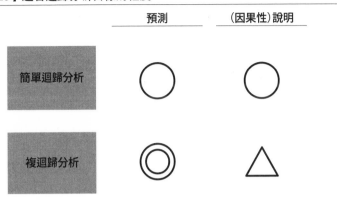

(注) 通常自變量之間會有相關，製作模型時需要留意。

　　從預測啤酒的銷售額到冰淇淋的銷售額，這個算式本身都完全沒有問題。

　　但是，將這則算式用在行動上以增加啤酒銷售額的瞬間，就會發生奇怪的事情。要增加啤酒的銷售額，並不是擴大銷售冰淇淋就好。冰淇淋和啤酒的銷售額沒有直接的因果關係，相關就只是由於氣溫這個第三因子跟雙方有因果關係。

　　第二個理由是卷末附錄記載的「多重共線性」問題。要用來預測自變量時，不去計較多重共線性也沒關係，但在用來做因果性說明時，就不得不讓人擔心了。

　　假如有多重共線性在，偏迴歸係數的計算結果就會變得不穩定（只要數據有點不同係數就會大幅變動），甚至會導致係數的正負符號因為數據略有差異而發生逆轉。這樣一來，就會完全搞不懂該使出什麼方法才會得出結果。

　　第三個理由涉及到自變量之間的關聯性。其實當自變量有一個以上時，自變量之間往往會有相關和實際的因果關係。因此，單憑迴歸

分析的結果，難以判斷哪個變數會造成什麼因果效應。不難想像，隨著自變量的數量增加，掌握這份關聯性就會變得極為困難。

複迴歸分析算式的係數表示的是某個自變量獨立對於應變量產生的效果（前提是其他變數沒有改變）。實際在商務上觀察到的數據跟研究室的實驗不同，自變量往往相互相關，自變量增加愈多，要解釋迴歸式的係數就愈來愈艱困。對於使用具體數字的實例感興趣的讀者，煩請參閱卷末的附錄。

從這三個理由看來，姑且不論在實驗時要做好周到的準備以證明因果關係，就連商務上的迴歸分析，都要選擇適合的對象來預測，做到無須像這樣在乎係數的解釋。

■■ 3-7　複迴歸分析的威力

說明的威力：反思學習法有效嗎？

各位記得第一章介紹過的反思學習法嗎？

近年來，反思學習（學到的東西要在自己腦中思考和整合）的重要性受到強調。我在商學院執教時，也會建議學生在上課後不斷反思學習內容，還會強烈勸說他們透過郵件群組跟其他學生分享，或是在學生組成的K書會和其他場合當中互相傳授，而不只是一個人反思。

然而，這種反思和分享的學習方式真的有學習功效嗎？我們就來看看【圖表6-30】）的分析內容，實際替現場反思的功效做複迴歸分析。

圖表中的例子是印度的威普羅公司（Wipro Limited，Western India Products Limited）。這家公司會提供商業流程委外（BPO，Business Process Outsourcing）服務給全球企業，承辦的業務有顧問支

【圖表 6-30】反思的結果

	模型1				模型2			
	係數	標準誤	t值	p值	係數	標準誤	t值	p值
年齡	−1.392	0.455	−3.1	<1%	−1.024	0.413	−2.5	<5%
性別(虛擬變數)	−4.795	3.509	−1.4		−3.910	3.214	−1.2	
以前的業務經驗(月數)	0.171	0.057	3.0	<1%	0.135	0.052	2.6	<1%
反思(虛擬變數)					15.076	2.882	5.2	<0.1%
反思+共享(虛擬變數)					16.549	2.987	5.5	<0.1%
常數項	100.259	11.033	9.1	<0.1%	80.459	10.505	7.7	<0.1%
樣本大小	144				144			
調整自由度後的決定係數	0.065				0.259			

(注) 平均分數為 66.1 分。

(出處) Giada Di Stefano et al. (2014) "Learning by Thinking: How Reflection Aids Performance," Harvard Business School Working Paper.

援、數據輸入和處理等等。為了提供適合西歐 IT 企業的服務,公司針對新人實施以下三種模式的技術研修:

①單純研修其他什麼都不做

②實行反思

③反思+與別人分享

這裏要藉由複迴歸分析評估實施研修的效果。

具體來說,反思是在研修後撥出 15 分鐘來進行。講師要求反思分享小組至少寫 2 個主要學到的東西,再向其他參加者口頭說明反思的內容。

訓練結束時滿分 100 分的小測驗成績為應變量。年齡、性別、以前的經驗、是否反思和分享,則會用來當作自變量。這裏要針對是否

反思和分享,使用前面說明過的「虛擬變數」。

從結果表可知反思和分享的相關效用。全體學生的平均分數為 66.1 分,實行反思後會提升約 15.1(取自係數)÷66.1 = 22.8%,而將反思的內容分享時,則會提升約 16.5(取自係數)÷66.1 = 25.0%。

說明的威力:品酒方程式贏得了品酒評論家嗎?

現在來談談別的話題[注九]。各位喜歡洋酒嗎?

法國波爾多(Bordeaux)是世界知名的紅酒產地。波爾多產的紅酒在釀造沒多久時澀味強烈,不過澀味會隨著時光流逝和熟成而消失,變得可口。因此,不只是低年份的洋酒,熟成幾十年的洋酒也是頻繁交易的對象。然而其價格就如【圖表 6-31】所示,會依年份而大為不同,無法避免某一年製造的洋酒是否會開創前景的投機性要素。

著名品酒評論家進行試飲,透過「鼻子」預測該年份的洋酒是否具有前景,但是說到底,他們還是不知道影響洋酒價格的是什麼。

普林斯頓大學(Princeton University)的經濟學家奧利・艾森菲特(Orley Ashenfelter)嘗試挑戰這個問題。他在產地天候會影響價格的假設下,運用複迴歸分析建立洋酒價格的預測公式(品酒方程式)[注十]。

注九:伊恩・艾瑞斯(Ian Ayres)(2008)《什麼都能算,什麼都不奇怪》繁中版
　　　由時報文化出版。

注十:Orley Ashenfelter(2008)"Predicting the Quality and Prices of Bordeaux
　　　Wines," *Economic Journal* 118(529): F174-F184.

【圖表 6-31】波爾多產彼得綠堡（Château Pétrus）紅酒的
　　　　　　釀造年份別價格範例（750 毫升瓶裝）

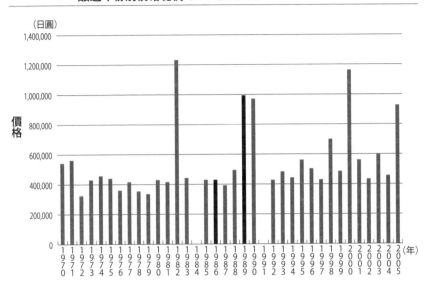

（出處）根據郵購網站的彼得綠堡紅酒價格數據製作而成。部分年份的數據從缺。

洋酒的相對價格　log（該年產的洋酒平均價格／1961 年產的
洋酒平均價格）

= 0.0238 X 洋酒的年份＋0.616× 平均氣溫（4 至 9 月）－
0.00386× 雨量（8 月）＋ 0.001173× 雨量（前一年的 10
月至隔年 3 月）－ 12.145

決定係數 R^2 = 0.828

※ 葡萄為洋酒原料，收穫時期為 9 至 10 月。

從分析結果可知，洋酒的相對價格取決於洋酒的年份、洋酒製造
年葡萄成長期間的平均氣溫、收獲前不久的雨量，再加上前一年冬季
期間的雨量，這些幾乎可以說明 80%的價格變動。

　　這條預測公式在 1990 年當時被知名的品酒評論家羅伯特・派克（Robert M. Parker, Jr.）評論為「荒謬可笑」（ludicrous and absurd）[注十一]。然而，當時艾森菲特使用品酒方程式進行的 2 項預測卻指出：

①雖然羅伯特・派克對 1986 年的洋酒給予高評價，實際品質卻平凡無奇。

②1989 年的桶裝酒連評論家都沒有嘗過，實際品質卻相當優異。

　　從【圖表 6-31】也可以看出其先見之明，於是複迴歸分析的精確度就獲得世間的認可了。

注十一："Wine Equation Puts Some Noses Out of Joint,"*New York Times*, Mar. 4, 1990.

COLUMN

從邏輯迴歸分析看太空梭事故

　　做複迴歸分析時，通常是將定量連續數據當成應變量來處理，但也可以用 2 個定性變數當成應變量（邏輯迴歸分析），比方像是否通過測驗，進而計算發生機率。

　　尤其在醫療領域當中，更常使用邏輯迴歸分析，將「生存／死亡」、「發作的有／無」和其他變數當作應變量，評估治療成效。

　　這裏要以邏輯迴歸來分析第一章看到的太空梭事故。使用邏輯迴歸分析之後，就可以藉由算式的型態算出 O 形環發生問題的機率。所用的數據是發射升空 23 次的記錄，就如【圖表 6-32】所示。應變量用的是發生問題（1）和沒發生問題（0），自變量用的則是當天的氣溫（℃）。

　　遺憾的是，Excel 沒有邏輯迴歸分析的功能，這裏是用市售的外掛軟體 Excel 統計察看結果。

　　算式當中會出現少許自然對數（ln, exp），麻煩各位假裝沒看見，稍微忍耐一下。這裏是以 p 為機率。

$$\ln\left(\frac{p}{1-p}\right) = -0.403 \times 氣溫(℃) + 7.29$$

　　將這個算式改寫成機率的形式後，就會變成以下算式：

$$p = \frac{1}{1 + \exp\left(0.403 \times 氣溫\left(℃\right) - 7.29\right)}$$

　　將意外當天的溫度 10.6℃代入算式後，就會算出發生問題的機率為 99.9%。從邏輯迴歸分析可以預測出問題十之八九會發生。

　　邏輯迴歸分析能夠像這樣計算現象的發生機率，商管領域也可以分析顧客面對特定的行銷措施時會部會有所行動，預測每個顧客的反應。

【圖表 6-32】太空梭發射升空時的溫度與 O 形環發生問題的狀況

發射升空	接縫的溫度（℃）	O 形環是否發生問題
STS-1	18.9	0
STS-2	21.1	1
STS-3	26.7	0
STS-5	20.0	0
STS-6	19.4	0
STS-7	22.2	0
STS-8	22.8	0
STS-9	21.1	0
STS 41-B	13.9	1
STS 41-C	17.2	1
STS 41-D	21.1	1
STS 41-G	19.4	0
STS 51-A	19.4	0
STS 51-C	11.7	1
STS 51-D	19.4	0
STS 51-B	23.9	0
STS 51-G	21.1	0
STS 51-F	27.2	0
STS 51-I	24.4	0
STS 51-J	26.1	0
STS 61-A	23.9	1
STS 61-B	24.4	0
STS 61-C	14.4	1

（出處）作者根據 UCI Machine Learning Repository 製作而成。

4 建模：以演繹法將關係化為算式

■■ 4-1　費米推論

藉由迴歸分析將關聯性化為算式，是要依照實際的數據，以歸納的方式描述其背後的關聯性。而建模則是以演繹的方式（無論何時都必定成立）將關係化為算式。

對於「芝加哥的鋼琴調音師人數有多少？」「日本的電線桿數量有多少？」「日本每年的新車販賣輛數有多少？」這類無法一眼看到結果的問題，可以藉由已知的數字拼湊和推測，這就是所謂的「費米推論」，也是建模的一種。

這裏要再次重申第一章介紹過的愛因斯坦名言：

「假如你沒辦法簡單說明，就代表你了解得不夠透徹。」（If you can't explain it simply, you don t understand it well enough.）

建模是以模型的形式簡單呈現乍看之下複雜的商業機制，也可以說是充分逼近商業的本質。

其實「芝加哥的鋼琴調音師人數有多少？」這個知名的問題，是由諾貝爾物理學獎得獎人恩里科·費米（Enrico Fermi，1901-1954）在上課時對學生提出來的。他曾經在芝加哥大學開發出世界第一座核子反應爐。

費米看到學生一臉困惑，於是就做出以下說明，解釋該如何估算鋼琴調音師的人數（注十二）：

【圖表 6-33】鋼琴調音師的建模

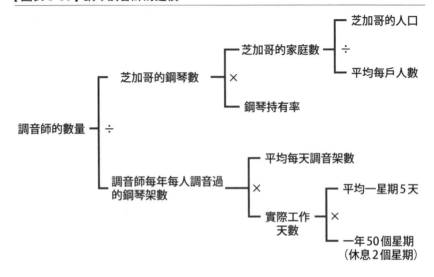

①芝加哥的人口為 300 萬人。

②假設平均每戶家庭有 4 人，芝加哥的家庭數就有 75 萬戶。

③假設每 5 戶家庭就有 1 戶擁有鋼琴，則芝加哥有 75 萬 ÷5 ＝
15 萬架鋼琴。

④鋼琴平均每年要調音 1 次。

⑤假設調音師在平常日每天調音 4 架鋼琴，夏天休假 2 個星期，
則每年調音的鋼琴架數就有 4 架／天 ×5 天／星期 ×50 星期
＝ 1000 架。

⑥因此調音師人數為 15 萬架 ÷1000 架＝ 150 人。

雖然計算相當粗糙，卻是由能夠馬上查出的數字和幾個前提導出
答案。或許誤差會高達好幾倍，但調音師的數量不大可能是 15 人或

注十二：http://www.grc.nasa.gov/WWW/k-12/Numbers/Math/Mathematical_
Thinking/fermis_piano_tuner.htm

【圖表 6-34】外食餐廳銷售額的建模

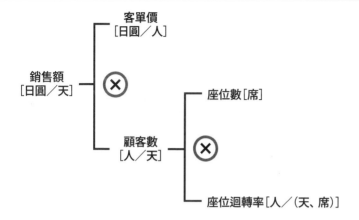

1500 人。也就是說，精確度恐怕沒有誤差到 10 倍左右。

　　我們往往沒有資訊就無法思考，但可以將已知的數字拼湊起來，透過數字推論許許多多的事情。

　　就如【圖表 6-34】所示，將關心的結果分解成算式的形式，比方像簡單的「銷售額＝顧客數 X 客單價」，就叫做建模。又稱為「因數分解」。

　　建模的觀念是以簡單的方式掌握乍看之下複雜的現象，通用度相當高，能夠應用在這些情況上：

①能夠從商業機制、獲利結構和其他多方面的角度掌握情況。
　→重新審視和發現相關事業的機制和特性，採取必要的措施。
②能夠活用在預測和敏感度分析（sensitivity analysis）當中。
　→能夠活用在營運資源的分配、風險管理和重新建立商業模型等用途上。

　　比方說，幾乎所有生意都要販賣某些服務和產品給使用者，但在開始做生意之前，必須要思考整體的市場規模究竟有多大。藉此就能大幅改變商戰所需的規模，進而大幅改變所需的資源大小。

　　這時第一個會想到的是某些關於市場規模的調查數據。只不過非要說的話，或許該把已經有官方數據的市場當作成熟市場比較好。通常各位經營的搞不好是新市場，也就是沒有官方數據的市場。這種情況下也可以使用建模，使用費米推論，大略估計市場規模。

　　想像我們正在經營餐廳，嘗試藉由簡單的建模，條理分明地思考該採取什麼行動來增加銷售額。

　　假設各位是某餐廳的店長。最近銷售額持續低迷，讓人煩惱該怎麼提升銷售額，於是決定藉助建模來思考行動的方向。

　　餐廳的銷售額可以分解成各種形態的算式，這裏要建模的重點則是顧客和設備當中的座位數。

　　算式形態五花八門，無論哪個業態在觀察銷售額時大概都一定會有關鍵的數字（以外食為例就是客單價），要妥善建模就必須掌握這種數字。

　　每日銷售額可以從客單價這個平均每人一次的用餐金額用乘法計算出來，另外，每日顧客人數則可以從每個座位一天有幾個人坐下來吃飯（座位迴轉率，俗稱翻桌率）乘以座位數計算出來。

　　雖然是簡單的模型，但從左往右看之後，就會發現想增加銷售額，就只能先增加客單價和顧客數。

　　我們知道要增加更多顧客人數，就只能增加平均每家店裏的座位數，提高座位迴轉率，盡量讓許多人用餐。

　　座位數取決於開店時的設備，不太可能馬上增加，想要在當下提高銷售額，就要從模型當中鎖定以下 2 件事，思考具體的行動（請參

【圖表 6-35】從模型導向行動

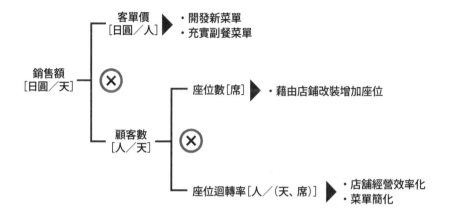

考【圖表 6-35】）：

- 拉高客單價
- 提升座位迴轉率

　　比方說藉由開發新菜單拉高客單價，或是全面建立系統和製作手冊以追求服務效率，設想該採取什麼行動以提升座位迴轉率。

　　從建模可以發現類似這種增加銷售額的行動方向，那麼在綜觀整個行業時，要怎麼選擇實際方針？我們就從圖表來看看吧。

　　【圖表 6-36】的散佈圖是依照實際餐廳行業的型態畫分的客單價與座位迴轉率的關係。從圖表中可知，實際上很難同時提升客單價和座位迴轉率，不得不鎖定其中一個方向去做，看是要像晚餐餐廳一樣專心拉高客單價，還是像速食店一樣提升座位迴轉率。

【圖表 6-36】座位迴轉率（人／天）

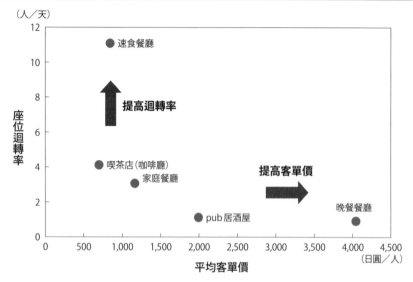

（出處）作者根據「外食產業經營動向調查報告書」（2013 年 3 月）製作而成。

■■ 4-2　透過利潤方程式思考開創利潤的方法

　　商業說穿了就只是在問：「要怎麼樣才能有利可圖？」這時該如何行動以開創利潤呢？這裏有個最簡單的方法，就是藉由建模因數分解來衡量，這樣的分解名稱就叫做利潤方程式。

　　比方說，接下來的 2 個模型雙雙以利潤為目標。第一個算式（注十三）著眼於商品的數量，第二個模型（注十四）則是以顧客為單位加以彙整，捨棄細節，同時聚焦在對利潤敏感度高（看起來影響很大）的因素上。

注十三：河瀨誠（2003）《策略思考大全》（暫譯，原名『戦略思考コンプリートブック』）日本實業出版社。
注十四：勝間和代（2010）《創造利潤的方程式》繁中版由商周出版。

【圖表 6-37】改善日產汽車的利潤（1999 至 2001 年）

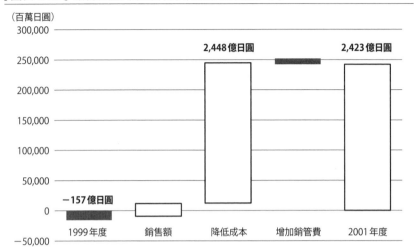

（出處）作者根據 SPEEDA 製作而成。

利潤＝（售價－變動成本）X 販賣數量－固定成本

利潤＝（顧客成本－顧客獲取成本－顧客成本）X 顧客人數

　　這 2 個模型都是以極為簡單的方式表達該控制什麼要素以提高利潤，呈現乍看之下複雜的商業本質。比方說使用第一個模型之後，就更能明白 2000 年起在卡洛斯‧戈恩（Carlos Ghosn）帶領之下，展開的日產再造計畫如何讓利潤達到急速的 V 型復甦（請參考【圖表6-37】））。

　　日產汽車（〔Nissan Motor〕）1999 年度的營業淨利為 157 億日圓的赤字，2 年後 2001 年度則大幅改善，增加 2580 億日圓的獲利，締造出 2423 億日圓的利潤。我們發現在復興計畫之下，2002 年為止的購買成本跟 1999 年相比削減 20%（透過將供應商減半和其他各種措施），藉由降低成本改善利潤的功效極為龐大。

　　現在讓我們一起看看第二個模型。這是依據勝間和代女士的《創造利潤的方程式》，探討這跟增加利潤所需行動的關係。

　　從第二個模型可知，增加利潤的方法能夠歸納為以下四點：

①增加顧客單價。

②減少顧客獲取成本。

③減少顧客成本。

④增加顧客人數。

　　現在我們就運用這個模型想一想，各位周遭的連鎖超商該採取什麼行動來提高利潤（請參考【圖表 6-38】）。要提升平均顧客單價，就要增加每次購物買進的品類數量（品項數量），或是增加每件產品的單價（品項單價），從這些方向去思考。

　　超商該怎麼做才能增加品項數量（讓顧客多買一種產品）？比方說，看看收銀機旁邊都有些什麼樣的商品呢？那裏會陳列零錢買得

【圖表 6-38】超商的建模

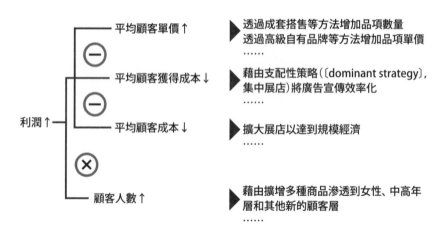

起的甜點，填飽肚子的油炸食品和其他所謂的櫃臺商品，讓人忍不住購買。

另一方面，想增加品項單價時該採取什麼行動呢？比方說我們來看看超商的自有品牌。通常說到自有品牌的賣點，就是可以用低於全國性知名品牌的價格購買相同的東西，但是超商的自有品牌，比方像是「SEVEN GOLD」的情況，反而是堅持品質，投入的商品線方向是讓單價提升更多。

那麼該怎麼做才能增加購買頻率呢？

2013 年《日經 TRENDY》雜誌的最佳熱門冠軍為超商咖啡。超商引進現煮咖啡，有幾個目的（藉由報酬率和合併購買提升客單價）。習慣飲用（？）的咖啡跟其他商品相比顧客回購率高，從結果來看，就是企圖讓顧客變成熟客，也可望能提升光顧頻率和購買頻率。

■■ 4-3　從模型化看美日汽車產業的作風差異

東京大學的藤本隆宏教授在著作《能力構築競爭》中，運用建模化說明美日二國汽車產業提升產能的作風差異。這裏就來介紹一下相關內容（請參考【圖表 6-39】）。

現在要衡量汽車生產工程當中的產能。產能是平均時間的生產量，能夠藉由以下形式化為算式：

$$產能 = \frac{生產量}{勞動時間}$$

然而，勞動時間不一定都會用在汽車生產上。實際上無論再怎麼努力，某種意義上都會產生虛耗的時間，對生產沒有直接貢獻。比方說，以下的時間就包含在內：

【圖表 6-39】藉由模型化衡量汽車產業的勞動產能

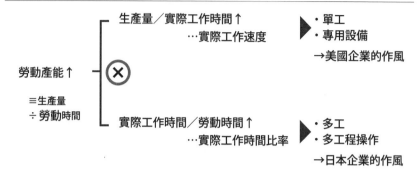

故障時間（設備故障導致動彈不得）

更換工序時間（更煥產品種類導致生產線動彈不得）

待機時間（等待零件導致工人動彈不得）

將這種虛耗的時間排除掉之後就稱為「實際工作時間」。

這樣一來，前面的產能就能分解成以下形式：

$$產能 = \frac{生產量}{實際工作時間} \times \frac{實際工作時間}{勞動時間}$$

這可以解釋成其中的前者（生產量÷實際工作時間）代表「實際工作速度」，而後者（實際工作時間÷勞動時間）則代表「實際工作時間比率」。由此可知要提升產能可以採取二種行動，那就是在模型當中提升「實際工作速度」或增加「實際工作時間比率」。

該怎麼做才能提升「實際工作速度」？比方說，這時需要藉由導入單工化（mono-tasking）和專用設備，讓工人能夠專心做一項工作，

以提高生產線的速度，從而加快生產速度。這正是美國汽車廠商採取的作風。

　　反觀若要提高「實際工作時間比率」，則需要採取什麼樣的行動呢？這些方式與前面恰恰相反，要藉由多工化（multi-tasking）讓一個工人做完好幾件工作，或是透過一人多工程（multi-process handling）負責好幾道工序，花工夫減少虛耗的時間。這種以「豐田生產方式」為代表的方法正是日本汽車廠商的作風。

　　從模型當中可知，照理說無論哪種作風都能提高產能，不過實際上二戰後的美日汽車廠商「從豐田生產方式的成果當中也可以明顯看出，至少在產能方面後者（日本）的作風會締造更高的成效」^{（注十五）}。

■■ 4-4　從杜邦分析（Dupont analysis）看美日歐淨值報酬率（ROE，Return On Equity）之差的原因

　　淨值報酬率是經常用在企業獲利分析的指標之一，能夠表示股東持有股數的股東權益會提升多少利潤，因此又稱為股東權益報酬率。雖然知道日本企業的淨值報酬率比歐美企業低，不過我們要藉由建模分析其原因。

　　替淨值報酬率做因數分解時，經常會以杜邦公司（DuPont）在用的杜邦分析模型。就如【圖表 6-40】所示，分析前會分解成銷售報酬率、總資產週轉率和財務槓桿。其中的財務槓桿是企業如何調度用在商務上的金錢（善加活用負債），總資產週轉率是能否有效活用資產提高銷售額，銷售報酬率則是在經營事業時有沒有重視報酬率，

【圖表 6-40】杜邦分析

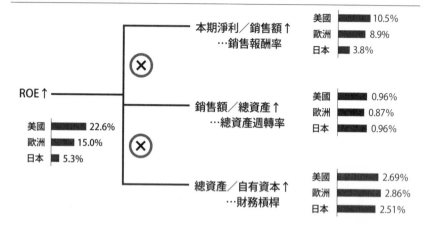

（出處）作者根據經濟產業省經濟產業政策局「企業與投資人期盼的關係架構」專題資料製作而成。以
　　2012 年全年為基礎，金融不動產除外，對象為 TOPIX500、S&P500、Bloomberg European500 企業。

以上三者會當成指標來表示。

　　從圖表中可知，日本企業 2012 年的平均淨值報酬率為 5.3％，比
美國企業的 22.6％ 和歐洲企業的 15.0％ 還要低。透過模型化可以看
出，淨值報酬率的不同主要產生於銷售報酬率的差異。

章末問題

1　以下的圖表是 2013 年實施的日本全國學力暨學習狀況調查結果，依照「每天吃早餐與否」這個問題的回答畫分群體，觀察其國語和算數測驗平均正確解題率（％）的差異。從中可以明顯看出，孩子愈是乖乖吃早餐，算數和國語二科的成績也往往愈好（相關）。根據這項數據，孩子成績好壞的原因在於有沒有吃早餐，想要提高孩子的成績，就該推行「吃早餐」運動。究竟結果會不會變成那樣呢？假如覺得不會出現那種結果，為什麼呢？因果關係方面可以想出什麼樣的可能性呢？

　　※ 國語和算數 A 的出題重心主要是關於「知識」的問題，B 的

「每天是否吃早餐」的平均正確解題率之差異

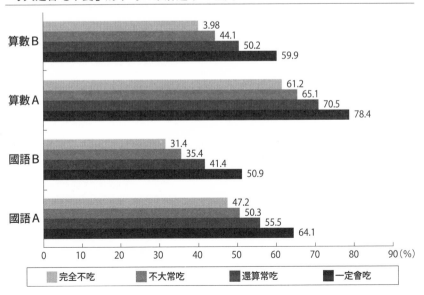

　　出題重心則主要是關於「活用」的問題。

2　日本加油站的數量有幾間？請運用建模（杜邦分析）想一想。

總結

感謝各位讀者看到最後。

假如大家能夠透過這本書，從開頭說明的矩陣當中喜歡和擅長數字，稍微貼近「數字樂園」的所在地，我也會十分開心。

結尾的圖表是以這本書的精華歸納而成，麻煩各位一定要想想能否用自己的話重新說明。最後我要再次引用愛因斯坦的話：

「假如你沒辦法簡單說明，就代表你了解得不夠透徹。」

願數字力與各位同在。May "numbers" be with you!

一張圖解讀本書

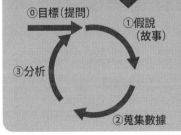

【分析的目的】
想要掌握因果關係
「為了改變未來」

因此分析在於「比較」

流程 × 觀點 × 做法

⓪目標（提問）
①假說（故事）
②蒐集數據
③分析

①影響度
②差距
③趨勢
④異質性
⑤模式

①圖表（視覺化）
②數字（代表數、離散）
③算式（迴歸、建模）

章末問題解答範例

第一章解答範例

1. 資產運用必要性的廣告有什麼問題？

雖然「分析在於比較」，以「想要傳達的訊息」出發，比較的是什麼就非常重要了。這則廣告想說的是「閱讀獎金運用手冊→發現資產運用的必要性」存在因果關係。關於資產運用的必要性，假如要展現獎金運用手冊的效果，就需要比較有獎金運用手冊跟沒有的差異。

比如，可以比較不同對象，觀察閱讀過運用手冊和沒有閱讀過的案例，或是比較同一個人閱讀前和閱讀後對必要性的反應有什麼變化。然而，這則廣告只列舉出閱讀運用手冊後的數字，原本就沒有穿插所需的比較要素。

另外，85.1％這個數字也必須小心。這個數字是將答題者合計後的比率。關於資產運用方面，他們回答：

- 覺得必要

- 稍微覺得必要

除此之外究竟還有什麼選項呢？遺憾的是，這則廣告沒有描述到那麼詳細，假如要從選項類推到列舉出來的必要性大小，則還有一個選項是：

- 不覺得有必要

　　假設資產運用的必要性有以上三個相關選項，預料將會得到什麼樣的回答呢？

　　恐怕這個時代不覺得有必要運用資產的人是少數吧？特別是以「稍微」來形容的選項「稍微覺得必要」處於灰色地帶，所以答題者的心理負擔很少，容易選中。假如從一開始就連「稍微」都包含在內，將意識到必要性的人加總起來，或許在做問卷調查之前，就會看出結果是大多數答題者覺得必要。

2. 輔酶 Q10 的廣告有什麼問題？

　　既然要說「不夠」，就需要比較所需量和攝取量。這則廣告的數據當中沒有明列所需量。因此，圖表只會顯示輔酶 Q10 在體內的含量會隨著年齡減少。

　　從這張圖表來看，輔酶 Q10 過了 20 幾歲之後就會不夠，所以似乎只能把前提放在輔酶 Q10 的所需量為二十幾歲時的量，即使年齡增長也不會變。輔酶 Q10 這種營養劑會幫助細胞內新陳代謝和其他所需的能量產生活動。解釋圖表時，考慮到新陳代謝也會隨著年齡增長而減少，或許輔酶 Q10 並非因為年齡增長導致不夠，而是原本所需量就會由於年齡增長而減少，所需量與體內的輔酶 Q10 含量也有可能是均衡的。

3. 小班制的影響該怎麼驗證？

　　以直覺來看，減少平均每班學生人數的小班制，似乎較能提升孩子們的學習力。然而，班級人數一旦減少，班級數也會增加，需要的教師人數會增加，因此所需的費用也會增加。因此，這裏要根據各國的學習力指標，試著測量班級規模、教師薪資和其他政策上的效應。

以往要找出縮小班級規模的成效時，看似簡單做起來卻很難。比方說，比較各縣的學習力指標，發現引進小班制的縣比沒引進的好，就該斷定小班制有效果嗎？除了小班制以外，各縣之間的諸多條件不同，比較稱不上蘋果比蘋果，難以看出小班制是否真的影響學力。為了擔保比較的同質性，應該將學生隨機分為 2 組，一邊的學生是小班制，另一邊的學生則以通常的班級規模上課，再測量學力的變化。但只要想到現實中不知是否能得到參與學生和家長的協助，就會發現窒礙難行。

慶應義塾大學的赤林英夫教授（注一）等人，關注日本班級人數超過一定規模後就將班級重新分割的班級編制制度，調查班級規模帶給學力的影響。標準的班級編制為 40 人，假如每學年的人數有 40 人，班級規模就是 40 人，但若有 41 人就編制成 2 班，平均班級規模為20.5 人。

這種班級規模的變化並非有意為之，而是偶然的產物，不過從結果可以看出，多樣化的班級規模是隨機產生，能夠當成是模擬實驗。赤林等人依據橫濱市中小學校當中的公開數據，調查班級規模與學力的關係，結果發現如下：

●縮小班級規模的功效在國中幾乎得不到驗證。

●國小當中只有國語呈現出縮小班級規模的功效，但是功效不算大。

縮小班級規模的政策主題往往會淪為各說各話，不過還是很期待今後藉由扎實的效用測量進行基於事實的討論。

注一：赤林英夫「班級規模縮小的教育成效暨經濟學方法」（第三次各大公立義務教育學校最適班級規模和教職員編制研討會議聽證資料）

第二章解答範例

1. 該怎麼做才能解決日本少子化危機？

要衡量少子化的解決方案，就需要認清是什麼要素影響到少子化的發生。這裏的思考會集中在影響生育率的因素結構。

總生育率是將某個時間點 15 至 49 歲的女性生育率加總而成。近年來，其他先進國家的非婚生子女（沒有結婚的伴侶所生的孩子）比率變高，根據美國疾病管制與預防中心（CDC，Centers for Disease Control and Prevention）的報告〈改變美國非婚生育模式〉（Changing Patterns of Nonmarital Childbearing in the United States）指出，2007 年法國和瑞典的非婚生子女比率超過 50％。另外，雖然美國 1980 年的比率為 18％，後來卻增加到 40％。相對來說，日本的比率仍然不高，2013 年的數據為 2.2％，跟其他先進國家相比也是天差地遠。

日本的狀況是幾乎所有孩子都是由具有婚姻關係的伴侶所生，所以衡量生育率時要分為以下 2 個階段：

- 究竟是否會做出結婚的決定？
- 婚後是否會做出要有小孩的決定？

稍微描述成算式的形式，就如以下所示：

某個年齡女性的生育率＝該年齡結婚的女性比率 X 該年齡結婚的女性生育率

因此，想提高算式左邊的生育率，就需要在結婚比率上升（未婚率下降）的同時，鼓勵他們做出婚後要有小孩的決定。

降低未婚率

日本的未婚率在上升，截至 1985 年為止，男女的生涯未婚率（到 50 歲時未曾結婚一次的比率）都在 5％以下，2010 年則分別為 20.1％和 10.6％。

從商學院的角度來看，是否結婚的決定也是在某種投資報酬率（ROI，Return On Investment），或是在衡量過好處和弊端之後，做出的個人判斷。

比方說，藉由結婚而得到的好處，經濟學當中通常會描述如下（注二）：

* 夫婦分工合作後的好處（專精各自擅長之事的優點）。
* 規模經濟下的成本層面好處。
* 生病時對方能照顧自己，與其他保險起見以防萬一的好處。
* 透過結婚擁有小孩後的好處。

其中擁有孩子的好處，將會在婚後生育率的地方再次探討。

還有，雖然夫婦之間擅長的領域、薪資和其他方面差距愈大，分工合作的好處就會愈大，不過近年來，男女之間的薪資差距縮小。另外，20 至 34 歲的未婚人士幾乎有一半跟父母同住，而且比率還在增加當中。假如是已經跟父母同住的單身人士，或許就不會期待成本層面和「保險起見」的好處。

另一方面，假如把結婚後喪失的東西視為弊端和成本，則可列舉出以下這一點：

* 自己一個人可以自由支配的所得和時間減少。

注二：像是〈「不結婚才是占便宜」的經濟學〉（暫譯，原名「結婚しないほうが得」）《經濟學人》（*Economist*）日文版 2005 年 1 月 11 日號。

關於時間和金錢方面也是如此。只要站在與父母同住之人的立場想一想，就會發現平常父母幫忙做的家事必須由自己來做，還必須負擔房租，近年來結婚後喪失的東西變得更多了。

提高結婚後的生育率

這裏也要從商學院的角度判斷是否生兒育女的決定，也可當作是基於某種投資報酬率的決策。

首先報酬是生兒育女獲得的滿意度水準和效用。只不過，像現代的都市這樣享受人生的選擇也在增加當中，相對來說養育兒女獲得的效用也在減損其魅力。

而從成本層面來看，跟孩子有關的成本當然包括教育費和其他看得見的費用，但是除此之外，職業婦女還會因為生產和育兒而中斷職業生涯，更會失去收入，所以能在「失去的收入→機會成本」的前提下當成費用。這麼說來，女性收入愈高，懷胎生子的決定就愈是比預料中的還艱難。

另外，上述的成本負擔跟家庭收入相比，是取決於相對的感受。

第三章解答範例

1. 政府的觀光立國政策有什麼問題？

2013 年日本國內的旅遊消費金額為 23.6 兆日圓，其中經常榮登話題的來日觀光客消費金額其實是 1.7 兆日圓，僅占了全體的 7.2%。旅遊消費金額大半來自日本人的國內旅遊，過夜旅行與當天來回旅行加總後合計為 20.6 兆日圓，占了 87.3%。

就如【圖表 7-1】所示，2004 到 2013 年的旅遊消費金額減少 6.1 兆日圓，而國內旅遊也減少了 6.7 兆日圓。雖然來日觀光客在新聞性的意義上具有影響力，但從規模影響力來看，既然國內旅遊占據旅遊消費的大半，要是沒有確實對此拿出對策，整體旅遊消費就難以成長。

2. 日本年輕人背離國外留學，向內發展了嗎？

要探尋日本年輕人對國外留學意向的變化，就必須先思考是針對什麼而變化。根據這篇報導大概可以想出兩種可能性。一種是時間序列（趨勢）之下的變化，現在的年輕人比以前還喜歡向內發展。另一種則是橫剖面的比較（差距），跟中國、韓國和其他各國相比，日本年輕人較愛向內發展。

首先我們就來看看到底為什麼年輕人不去國外留學。

【圖表 7-2】是文部科學省根據經濟合作暨發展組織和其他統計資料，彙整出從日本到國外留學人數近 30 年的演變。光看數據會覺得 2004 年的確大約有 8 萬 3000 人，創下最高峰，而後轉為減少。然而即使如此，2012 年卻有大約 6 萬人留學。比方說，跟我 1992 年在美國讀書時約 4 萬人相比，人數增加將近 5 成。何況或許也可以主張在少子化的影響下，原本被當成研究對象的年輕人數量正在減少。確實，若以 18 歲的人口為例，則 1992 年為 205 萬人，2014 年則減少到 118 萬人。

圖表當中將很可能出國唸研究所的 20 到 29 歲人口，跟國外留學生的比率一併記錄下來。2000 年以後，幾乎維持在 0.5％一帶橫向推移，只要想到 1992 年當時是 0.2％，就會發現別說是向內發展，簡直稱得上積極「向外發展」。

【圖表 7-1】日本旅遊消費

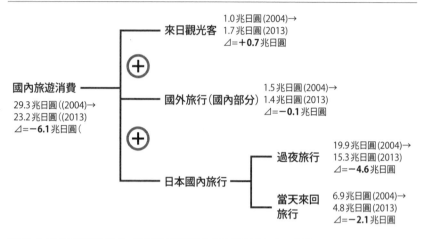

	來日觀光客	1.0兆日圓(2004)→ 1.7兆日圓(2013) ⊿=+0.7兆日圓
國內旅遊消費 29.3兆日圓((2004)→ 23.2兆日圓((2013) ⊿=−6.1兆日圓(	國外旅行(國內部分)	1.5兆日圓(2004)→ 1.4兆日圓(2013) ⊿=−0.1兆日圓
	日本國內旅行 過夜旅行	19.9兆日圓(2004)→ 15.3兆日圓(2013) ⊿=−4.6兆日圓
	當天來回 旅行	6.9兆日圓(2004)→ 4.8兆日圓(2013) ⊿=−2.1兆日圓

（出所）国土交通省観光庁「旅行・観光産業の経済効果に関する調□研究（2013年版）」。

【圖表 7-2】從日本到國外留學人數與占二十幾歲人口比率的演變

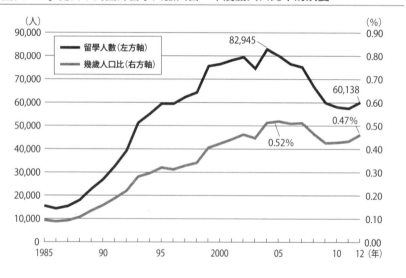

（出所）作者根據文部科學省總計結果製作而成。

【圖表 7-3】赴美留學人數的演變

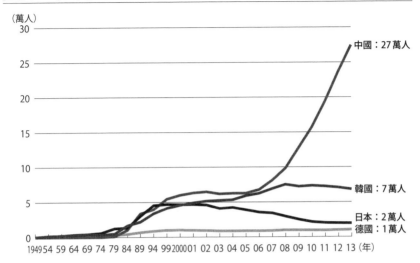

（注）1999 年以前是以 5 年為間隔。
（出處）作者根據 Open Doors Data 製作而成。

那麼，為什麼事實跟報導中的根岸先生感受不同呢？

【圖表 7-3】 看到的是從國外赴美留學生人數的演變。確實 1999 年來自日本的留學生約有 4 萬 7000 人，2013 年約有 2 萬人，維持在高峰時的 41％。

而經常拿來比較的亞洲其他各國是什麼情況呢？來自中國的留學生從 2000 年代中期激增，2013 年達到約 27 萬人。來自韓國的留學生雖然跟高峰期相比也稍微減少，將近約 7 萬人的規模卻遠勝於日本。

的確要是身在美國，光是看著來自日本的留學生，就會覺得數量本來也正在減少，再加上跟中國和韓國留學生相較之下的對比感，更顯得日本年輕人大幅倒退，也就是向內發展，這或許也是必然的結論。

然而，若是把視線從中國和韓國移到其他地區，比方像歐洲，就

【圖表 7-4】美國留學人數對全國人口的比率

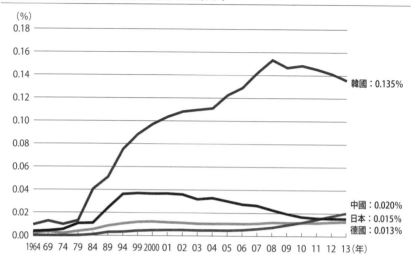

（注）1999 年以前是以 5 年為間隔。
（出處）作者根據 Open Doors Data 製作而成。

會看到另一番不同的風貌，這也是事實。

　　現在要把德國的數據一併畫在同樣的圖表當中，作為範例。從德國到美國的留學生人數約有 1 萬人，只不過是日本的一半。然而人口規模原本就不同，硬要拿來比當然會鬧笑話，所以要擷取人口對美國留學生人數的比率到【圖表 7-4】當中。

　　從圖表中可知，以人口規模來看，來自日本的留學生人口比率雖有減少的傾向，卻跟二戰之後幾乎一貫穩定的德國比率相近，反倒是來自韓國的留學生比率跟其他國家相比出奇地高。或許是日本對美國的興趣也像歐洲一樣逐漸冷卻了。

　　既然從日本到美國留學的人數大幅減少，為什麼全體留學生人數沒有銳減得那麼誇張呢？

　　這是因為留學地點變得多樣化，擴展到美國之外。比方說，2001

年與 2012 年相比，赴美留學的人數從 4 萬 6810 人銳減到 1 萬 9568 人，少了 2 萬 7242 人；反觀去其他國家留學的人則從 3 萬 1341 人增加到 4 萬 570 人，多了 9229 人。

赴美留學生確實在減少當中，到中國和其他地區留學的人數卻與日俱增。結果，2001 年赴美留學的人占了全體的 60％，2012 年卻減少到 33％。關於從日本到國外留學的諸多現象，其實似乎是留學地點變得多樣化，不再是一面倒去美國。

3. 菲利普莫里斯公司提出的香菸費用利益分析有什麼問題？

投資報酬率或稱為費用利益分析，是商務當中極為常用的分析方法。藉由比較費用和利益的差距，決定該採取什麼行動。

菲利普莫里斯公司的分析公開之後，就飽受社會極大的非議。菸害讓人早死對社會比較有利，很難想像這個結論本身能讓許多人願意發自內心接受。

從分析的觀點可以指出 2 個嚴重問題。

首先，這則分析完全沒有考慮生命的價值，完全沒有考慮吸菸者和其周遭的人，因為吸菸短命早死而造成的損失，導致沒能將應該考慮的比較對象蒐羅齊全。

第二點是更為本質的問題，究竟生命該不該換算成金錢東加西扣？既然分析在於比較，就需要統統換算成金錢，但是生命能夠換算成金錢嗎？這可是根本性的問題。

費用利益分析的基礎是從社會整體來看，利益是否高於費用，以這個觀點做決策，換句話說就是「最大多數的最大幸福」的功利主義觀念。另一方面也有人站在不同的立場，認為每一條生命除了本人之外誰都不能任意侵犯，所以不能換算成金錢，不該這樣做。既然如

此，將生命換算成金錢，比較費用和利益的分析方法本身，從一開始就已推翻了前提。

 **第四章解答範例**

1. 眼見不一定為憑

第四章提出「肉眼是最佳的分析工具」的格言，意圖將視覺充分活用到分析上。這裏要稍微離題一下，探討眼見有時不一定為憑的問題。

我在商學院的課堂上詢問這個問題時，能夠確實找出正確答案的人連一成都不到。出現最多的答案是這樣的：主持人打開一道沒中獎的門，剩下的門就有二道。其中一道門會中獎，機率同樣是二分之一，所以換不換都一樣。

其實，正確答案是換門比較好。換門時中獎的機率是三分之二，維持原答案的機率則是三分之一。許多人是否會疑惑，明明眼前只有二種選擇，為什麼機率會是這樣呢？

這個問題叫做蒙提霍爾問題（Monty Hall problem），1990 年有位讀者向美國《Parade》雜誌的專欄「求教瑪麗蓮」〈Ask Marilyn〉提問，就此聲名大噪。儘管瑪莉蘭女士（按：這裏的瑪莉蘭指的是瑪莉蘭・福斯・莎凡〔Marilyn vos Savant〕，曾獲《金氏世界紀錄》〔*Guinness World Records*〕認定為智商最高的人）回答：「中獎機率是三分之二，最好換別的門來選。」但是全美國無法接受這個回答的讀者，向該雜誌寄出高達一萬封的投書。而且這 1 萬封投書當中，還有將近 1000 封是持有博士學位（Ph.D.）的人所撰寫。

比方像是這樣的投書：

「妳錯了。只不過，愛因斯坦承認自己的錯誤之後，大家對他的評價就更高了。」

（http://marilynvossavant.com/game-show-problem/）

衡量這個問題的方法有好幾種，最容易的或許是以下的說明。從這個問題來看，雖然主持人從你沒有選擇的二道門當中打開一道，讓觀眾看到山羊，但若主持人沒有開門，你會堅持剛開始選的那道門，還是選擇剛剛沒選的二道成套門？假如有人這樣問你，你該怎麼做？這時要當作有二個選項，一個是剛開始選擇的一道門，另一個是剛剛沒選的二道成套門。既然「剛剛沒選的二道成套門」當中內含獎品的機率為三分之二，可見改變選擇會比較有利。

實際上，雖然主持人打開一道門讓大家看到沒中獎的山羊，但不管怎樣，二道門當中至少會有一道沒中獎，所以無論有沒有開門讓觀眾看到山羊，本質也完全不會改變。換句話說，主持人開門之後，眼前的選項看似是單獨一道門，但說穿了，其實這個選項有二兩道門的分量。

這個問題違反直覺的理由，就在於很多人藉由排列組合來衡量機率，認為眼前的兩個選項機率都相同。雖然肉眼是最佳的分析工具，過於相信視覺卻是大忌。

2. 散佈圖當中平均每人國內生產毛額很高，平均壽命卻短暫的非洲國家在哪裏？ 原因是什麼？

從趨勢偏離到下方的非洲國家是「南非」。該國號稱是世界最大

金礦蘊藏量的礦物資源大國，經濟方面則是薩哈拉沙漠以南的非洲各國當中最富裕的地方。儘管如此，平均壽命卻相對短暫，這是因為國內的所得分配極為偏斜。

當大多數國民貧困，所得集中在一部分人身上，國內所得差距很大時，所得的平均會受部分超高所得者牽引，而平均壽命則被大多數貧民拉走。雖然如此，但就算再怎麼賺錢，壽命也有自然的上限，活不到 150 歲或 200 歲。

實際上，南非的所得差距很大，比方像是美國中央情報局（CIA，Central Intelligence Agency）的《世界概況》（暫譯，原名 *The World Factbook*）就指出，他們所調查的 145 個國家當中，南非的吉尼係數（Gini coefficient）僅次於賴索托名列第二大（所得差距懸殊）。吉尼係數正是表示所得分配差距的數值。

【圖表 7-5】看到的是 2008 年的南非人種別所得分布，可以看出占了大半勞動力的黑人集中在低所得上，高所得則幾乎由白人占據。

3. 為什麼就學補助率愈高，數學成績就愈下滑？

有個假說經常被提到，那就是家庭所得的不同會導致補習班和其

【圖表 7-5】南非人種別所得分布（2008 年）

	總勞動人口	未滿5萬蘭特	5至10萬蘭特	10至30萬蘭特	30至50萬蘭特	50至75萬蘭特	75萬蘭特以上
黑人	75.3%	83.0%	65.9%	47.1%	29.9%	20.3%	16.3%
有色人種	8.8%	8.3%	14.3%	9.0%	5.6%	3.0%	2.1%
亞洲／印度人	2.8%	2.2%	4.0%	5.4%	5.1%	8.4%	4.3%
白人	13.0%	6.5%	15.7%	38.5%	59.5%	68.4%	77.4%
總勞動人口	100%	75.5%	10.1%	10.7%	2.3%	0.8%	0.6%

（注）1 蘭特＝ 7.5 日圓（2016 年 10 月）。
（出所）"The Price of Freedom: A Special Report of South Africa," The Economist, Jun. 5, 2010.

他校外教育機會的差距。或者，假如父母對學習的關心程度不同，也就是所謂的家庭教育環境和教育能力不同，說不定也會影響成績。

差距無可奈何，也有人持這樣的見解，然而這種學力的差異會影響孩子將來的升學和就業，很可能導致孩子將來的所得出現差距。再者，所得差距將會透過學力差異遺留到下一代的所得差距上，讓人擔心社會上的差距會再生產和固著化。

第五章解答範例

1. 為什麼各年齡層金融資產持有額上的中位數和平均值會大幅乖離？

眾所皆知平均值難以抵抗異常值不受影響。照理說要是整體的分配呈左右對稱的吊鐘形分配，平均值和中位數就相差無幾。然而，數值當中若有差異，就是在暗示平均值受到異常值影響。由於平均值比中位數大很多，因此可以想見，持有鉅額金融資產的少數年齡層，會讓整體的平均值比中位數還要高。

另外，平均值和中位數的差距在 20 幾歲時是 150 萬日圓，不過這會隨著年份而擴大，60 幾歲以上退休後的年齡層將會擴增到將近 1000 萬日圓。由此可知，高齡人士的絕對性資產差距會節節攀升。

第六章解答範例

1. 每天吃早餐成績就會提升嗎？

有些觀點主張早餐與成績之間具備直接的因果關係。比方說腦部

只能將葡萄糖製造成能量，要是沒有吃早餐，葡萄糖就會不足，腦部功能就會變差。另一方面，也有人指出以往對於早餐的觀念很可能完全錯誤。這種觀念認為並不是出於早餐的直接因果關係，而是有影響每天吃早餐和成績雙方的第三因子存在。

換句話說，真正的原因是孩子每天會吃早餐的特質，讓孩子養成這種生活習慣的家庭以什麼態度養兒育女。以結果來說，孩子的這種特質和家庭的這種態度，造就出孩子良好的成績。

遺憾的是，假如站在後者的立場，忽略孩子的特質和家庭環境，即使讓孩子每天吃早餐，成績也不會提升。

2. 日本的加油站數量有多少？

這很像顧問公司的徵才面試上會出現的問題。假如這種問題是在商務的脈絡之下，則大概有二種類型的衡量法有助於模型化。一種是以需求為出發點的衡量法，另一種則是以空間地點為出發點的衡量法。

前者的步驟是先查出整體的汽油需求有多少，然後看看一間加油站的處理量有多少，再計算日本全國供應需求的加油站必須有幾間。後者的步驟則是將平均大約每多少平方公里有一間加油站，除以日本的面積之後，就會知道全國有幾間。加油站看起來相當仰賴需求密度，空間上來說以都市居多，郊外似乎非常稀疏。因此，採用空間性的平均值來模型化似乎會相當困難。

這裏要以前者的需求為基礎來衡量。

比方說，假如著眼於汽油量本身：

加油站數量＝日本的汽油需求 ÷ 平均每處要處理的汽油需求

或者，假如著眼於加油次數，而不是油量本身：

加油站數量＝平均每星期日本汽車的總計加油次數 ÷ 平均每星期一間加油站要處理的總計加油次數

前者要是不曉得平均每輛汽車消耗多少汽油量就很難計算，所以要用後者來衡量，感覺上可以輕易掌握。首先：

平均每星期汽車總計加油次數＝汽車數量 × 平均每星期一輛的加油次數

汽車的數量要進一步用以下算式估計：

汽車數量＝自家用＋工作用

＝日本家庭數 × 平均每戶持有輛數＋工作用

從日本的家庭數可以看出日本的人口有 1 億 2000 萬人左右[注三]，假設每戶有 3 人，就是 4000 萬戶家庭[注四]。而若幾乎每個家庭都持有一輛汽車，自家用車的總數就是 4000 萬輛。至於工作用車方面，則要跟自家用的比較之後大略衡量一下感覺。看看周圍，假設工作用車的數量是自家用的一成左右，則汽車的總數要增加一成，估算出共有 4400 萬輛[注五]。

那麼，加油次數總計有幾次呢？假設平均每星期加油一次，每星期的總計加油次數就是 4400 萬 X1 次＝ 4400 萬次。

還有，從加油站的網站可以看出每星期要加油幾輛呢？

每星期一間加油站要處理的總計加油次數＝加油機數量 × 每星期加油次數

＝加油機數量 X（營業時間 ÷ 每次加油所需時間 X 設備運轉率）

假設加油機有 4 台之多，每次加油所用的時間為 10 分鐘左右，

注三：實際為 1 億 2730 萬人（2013 年）。
注四：2010 年的人口普查為 5195 萬戶，其中單身家庭為 1678 萬戶。
注五：汽車檢查登錄資訊協會的數據指出，2015 年 5 月底時約有 8000 萬輛。

一天 12 小時營業就是 12 小時 ×6 次 ×4 台＝一天總計 288 次，而一星期就有 2016 次。當然，這是全速運轉時的數值，倘若為 50％左右，一星期就有 1000 多次。

因此，加油站的數量可以估算為 4400 萬次 ÷1000 次＝4 萬 4000處。

談到實際的數值，2013 年為 3 萬 4706 處（資源能源廳調查），至少位數是一樣的數字。以費米推論的精確度來說，總之水準應該不錯。

給想要知道更多的人

　　想要學得更多，想要知道更多的人，我已將至今仍在實際使用的工具和閱讀的書籍歸納成清單。雖然清單不見得包山包海，但若能當作入門的參考，則是本人之幸。

書籍

- 《圖解不再嫌惡統計學》（完全独習　統計学入門）小島寬之（繁中版由易博士出版）

  以淺顯易懂的方式解釋所有統計知識。

- 《入門統計學：從檢定、多變量分析到實驗計畫法》（暫譯，原名『入門　統計学──検定から多変量解析・実験計画法まで』）栗原伸一（歐姆社）

  不愧是敢宣稱「靠這本書就能學會整個統計學！」，將橫跨多方面的內容歸納得簡潔有力。

- 《解讀統計數字的能力：為什麼馬上就知道確定當選？》（暫譯，原名『統計数字を読み解くセンス──当確はなぜすぐわかるのか』）青木繁伸（化學同人）

  這本書是將統計動腦法的能力和範例一同撰寫而成，相當好懂。以下網站中介紹的「統計學自學筆記」（暫譯，原名「統計学自習ノート」）就是由作者青木先生掌管。

- 《統計學，最強的商業武器》（『統計学が最強の学問である』）

西內啟（繁中版由悅知文化出版）

以極為性感的方式道出統計學的世界觀，將統計學的魅力和影響日後世界的可能性編排到書裏。

- 《數學女子：由智香告訴你，商務上運用數字就是這麼回事》（暫譯，原名「数学女子　智香が教える　仕事で数字を使うって、こういうことです。」）深澤真太郎（日本實業出版社）

這本書也很努力盡量多塞一點範例，但水準還達不到商務運用的形態。內容是透過故事描述商務上運用數字能力的樣貌，一口氣就能看完。

- 《什麼都能算，什麼都不奇怪》（*Super Crunchers*）伊恩・艾瑞斯（Ian Ayres）（繁中版由時報文化出版）

雖然是耶魯大學經濟學家的書，卻特別以預測為中心，用許多例子鏗鏘有力地道出數字能力的可能性。

- 《蘋果橘子經濟學》（*Freakonomics*）史帝文・D・李維特（Steven D. Levitt）／史帝芬・J・杜伯納（Stephen J. Dubner）（繁中版由大塊文化出版）

槍枝和游泳池哪個危險，相撲力士有放水嗎，這種問題或許在社會上不見得重要，興味盎然的主題卻是透過數字能力來切入。假如不好玩就不是數字，這本書就是讓讀者有這種感覺。

網站

（網址省略。各位用 Google 搜尋應該就能馬上找到。）

- 統計 WEB

由推出 Excel 統計的社會資訊服務公司（SSRI，Social Survey Research Information）主建的網站，以總括的方式彙整統計相關資

訊、書籍和軟體介紹。這本書後面還會談到Excel統計這個軟體。

- 統計學自學筆記（統計学自習ノート）

  由群馬大學的青木繁伸教授掌管的網站。對於要自學統計的人來說，這裏充滿了讓人有所啟發的資訊。另外，後面會談到的軟體R也會好好歸納資訊。

- Gapminder

  這或許該稱為以事實為基礎培養世界觀的網站，能夠根據公開數據，使用散佈圖，將世界貧富差距問題視覺化，並且追縱時間變化。管理者漢斯・羅斯林（Hans Rosling）在 TED 網站上談到如何用數字做簡報，也請各位務必觀賞。

- Google Public Data Explorer

  比 Gapminder 更有威力，將官方數據視覺化的網站，能夠輕鬆製作過去二十年日本和其他各國平均每人國內生產毛額成長率的時間序列圖。

- 社會實況數據圖錄 Honkawa Data Tribune

  這個日本網站跟前面二個一樣，嘗試以數據為基礎將社會實際情況視覺化。這裏也充滿了興味盎然的數據。

軟體工具

- Excel 統計

  由社會資訊服務公司提供的付費統計軟體產品。雖然要收錢，但跟知名的統計軟體相比，還是便宜很多。相信許多社會人士常用Excel 來分析，這個軟體的特徵則在於可以當成外掛程式嵌入用習慣的 Excel 當中。以在企業工作的社會人士使用的功能來說，準備的功能很充實，比方像是複迴歸分析方面，就有自動選取變

數的功能，這並不在 Excel 的分析工具之內。

・R 與 R commander

R 是威力極為強大的免費統計軟體。雖然功能強勁，但若想用就必須要熟悉指令，或許對平常只用 Excel 的一般社會人士來說門檻很高。R commander 則是像 Excel 一樣，能以下拉式選單使用迴歸分析和其他 R 的部分功能。使用方法在網路上就有豐富的資訊，煩請務必搜尋一下。

・Rapidminer

能夠用在根據數據的預測、發現和其他用途的機器學習工具。除了商用付費版之外，還有縮減功能的免費版，想要先嘗試機器學習各種演算法的人，這會是理想的工具。

・KH Coder

雖然免費，卻是強力的文字探勘（text mining）工具。使用選單形式的介面，能夠替文字數據做定量分析，。

附錄　關於迴歸分析的補遺

1 迴歸分析與多重共線性

假如自變量當中蘊含二個以上高度相關的自變量，偏迴歸係數的正負符號就會發生逆轉，偏迴歸係數的計算結果就會在統計上不穩定，這就叫做多重共線性。研究當中接觸到迴歸分析的人會將英文的多重共線性（multicollinearity）簡稱為「multico」。

從處理的方法來看，就是要在高度相關的自變量當中去除其中一個。學過迴歸分析的人會相當在意多重共線性，但若目的只有預測，係數的解釋不重要時，就算不關注多重共線性本身也沒關係。對於研究的目標是闡明因果關係，解釋和說明迴歸分析的係數（比方像正負等等）相當重要，不過商務上往往是只要能夠預測就好。這時請各位繼續分析，不要在意。

這裏要根據實際的數據，看看存在多重共線性時會發生什麼事。

現在假設了一組數據，以 2 個自變量（X_1, X_2）預測應變量 y，

數據	x1	x2	y
a	1	7	10
b	2	5	12
c	3	5	14
d	4	4	15
e	5	4	20
f	6	2	20
g	7	1	22

詳情如下所示：

其實二個變數之間呈 -0.90 的高度相關。

迴歸分析的結果如下：

迴歸分析

	迴歸統計
R	0.99
R^2	0.98
修正後的R^2	0.97
標準誤	0.84
觀察值個數	7

	自由度	SS	MS	F	顯著值
迴歸	2	122.04	61.02	86.72	0.0005082
殘差	4	2.81	0.70		
合計	6	124.86			

	係數	標準誤	t統計	P-值	下限95%	上限95%	下限95.0%	上限95.0%
截距	−0.20	4.95	−0.04	0.97	−13.95	13.55	−13.95	13.55
x1	3.02	0.60	5.04	0.01	1.36	4.69	1.36	4.69
x2	1.06	0.65	1.64	0.18	−0.73	2.86	−0.73	2.86

迴歸分析（三維空間）

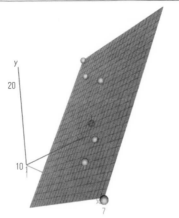

　　決定係數 0.98 代表其說明能力相當高。接下來我們要透過三維圖表看看結果（這張圖表是使用統計軟體 R 繪製而成）。

　　圖表上的平面是以視覺化途徑呈現迴歸分析的結果式。決定係數很高，也可以從數據大量附著在平面上的情況看出來。另一方面，由於自變量之間高度相關，因此數據會像軸一樣排列在空間的直線上。哪怕單單有一個數據從軸線偏離，空間上的平面也會以這條軸為中心旋轉，容易發生變化。

　　現在，要實際稍微挪動 c 這個數據。

　　從三維視覺化圖表可知，平面（迴歸分析的結果）的方向會大為改變。另外，算式的係數和 x_2 的係數從「1.06」變成「-1.61」，變化甚鉅。假如要用在預測上，只要實際拿既存數據的附近（數據的空間軸一帶）預測，就會發現結果差異不大，但在企圖解釋算式係數的瞬間，這個係數的不穩定性就會變成很大的問題。

　　比方說，要衡量該以什麼行動讓 y 增加時，就會變成大問題。剛

數據	x1	x2	y
a	1	7	10
b	2	5	12
c	3	3	20
d	4	4	15
e	5	4	20
f	6	2	20
g	7	1	22

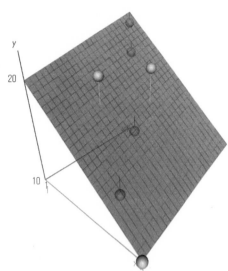

	迴歸統計
R	0.91
R^2	0.83
修正後的 R^2	0.75
標準誤	2.33
觀察值個數	7

	自由度	SS	MS	F	顯著值
迴歸	2	108.27	54.14	9.97	0.0279289
殘差	4	21.73	5.43		
合計	6	130			

	係數	標準誤	t統計	P-值	下限95%	上限95%	下限95.0%	上限95.0%
截距	20.82	7.91	2.63	0.06	−1.14	42.78	−1.14	42.78
x1	0.54	1.00	0.54	0.62	−2.24	3.32	−2.24	3.32
x2	−1.61	1.09	−1.47	0.22	−4.64	1.43	−4.64	1.43

開始的分析結果當中，x2 增加後 y 就會增加，但在第二次的分析結果當中，反而是 x2 減少後 y 才會增加，結果相當矛盾。

2 迴歸係數的因果性（？）解釋

其實當自變量不只一個時，自變量之間多半相關或實際具有因果關係，單憑迴歸分析的結果，經常難以判斷哪些變數會影響因果到什麼程度[注一]。

我們就透過簡單的（假想）範例一起來看看。假設你正在經營有 10 家分店的小規模超商，每家店面的商圈規模和競爭環境幾乎一致。只不過，店面面積和店長的經營管理能力（根據監察人的評估）天差地遠，這會影響各個分店平均每天的銷售額嗎？於是你就實際擷取數據，嘗試進行複迴歸分析。

以下的結果是用了 Excel 統計這個為 Excel 設計的外掛軟體。最近的統計軟體為了分辨是否具有多重共線性，能夠而計算容忍值（tolerance）和變異數膨脹因素（VIF，Variance Inflation Factor）這幾種統計量，當容忍值在 0.1 以下，或是變異數膨脹因素在 10 以上時，就要懷疑多重共線性是否存在，這個結果似乎沒有問題。

從結果可知：

銷售額＝ 6.26× 店長的經營管理能力＋ 1.51× 店面面積－ 140.03

決定係數 R 平方的 0.9 也能用意味著迴歸式可以解釋銷售額變動的 90%，說明能力相當傑出。店長的能力愈高，或是店面面積愈寬

注一：這跟多重共線性的詳細差異可參見相關書籍，像是小島隆矢、山本將史（2013）《用 Excel 學共變異數結構分析與圖形模型化》（暫譯，原名『Excel で ぶ共分散構造分析とグラフィカルモデリング』，歐姆社）。

迴歸分析：以超商為例

分店	銷售額	店長的 經營管理能力	店面面積
a	61	6	112
b	52	8	94
c	71	9	106
d	69	8	106
e	82	7	112
f	48	7	94
g	62	10	88
h	41	9	88
i	30	10	71
j	80	6	121

變數選擇結果
迴歸式的精確度

複相關係數		決定係數				
R		R	R^2	修正後的R^2	杜賓－瓦特森統計值	赤池信息量準則
0.95		0.93	0.90	0.87	2.06	38.55

迴歸式的顯著性（變異數分析）

因素	平方和	自由度	平均平方	F值	P值
迴歸變動	2299.1407	2	1149.5704	31.04	0.0003
誤差變動	259.2593	7	37.0370		
整體變動	2558.4000	9			

包含在迴歸式內的變數（偏迴歸係數、信賴區間等）

變數	偏迴歸係數	標準誤	標準偏迴歸係數	偏迴歸係數的95%信賴區間	
				下限值	上限
店長的經營管理能力	6.26	2.27	0.55	0.89	11.63
店面面積	1.51	0.23	1.33	0.97	2.05
常數項	−140.03	38.74		−231.64	−48.43

變數	偏迴歸係數的顯著性檢定			與應變量的相關		多重共線性的統計量	
	F值	t值	P	單相關	偏相關	容忍值	VIF
店長的經營管理能力	7.59	2.75	0.0283*	−0.51	0.72	0.36	2.79
店面面積	43.91	6.63	0.0003**	0.89	0.93	0.36	2.79
常數項	13.07	−3.61	0.0086**				

* : P<0.05
** : P<0.01

廣，銷售額也愈是提升，這個結果符合你的直覺。

所以，你決定按照這項結果改裝 i 分店，將店面面積擴大到 30平方公尺左右。照理說從算式可以看出，這樣能讓銷售額增加 45 萬日圓。然而，店長直接實際擴大店面之後，卻只增加了 30 萬日圓，與當初的期望相反。究竟發生了什麼事？

現在要再次擷取各個變數之間的相關係數，相關係數成了負號的組合。

銷售額、店長經營管理能力與店面面積的相關係數

	銷售額	店長的經營管理能力	店面面積
銷售額	1.00		
店長的經營管理能力	0.51	1.00	
店面面積	0.89	0.80	1.00

然後試著把這畫成圖表。雖然店面面積與銷售額的關係毋庸置疑，不過店長的經營管理能力愈高，銷售額就愈低，這種結果實在不可思議。

接下來是將三個變數的關係彙整為一張圖表。另外，變數間的關係以迴歸式歸納後，則如以下所示：

銷售額＝ 1.0056× 店面面積－ 40.1567……①

銷售額＝ -5.8× 店長的經營管理能力＋ 106……②

銷售額＝ 6.2604× 店長的經營管理能力＋ 1.5075× 店面面積－
　　　　140.0315……③

經營管理能力＝ 15.9535 － 0.08018× 店面面積……④

店面面積 vs. 銷售額

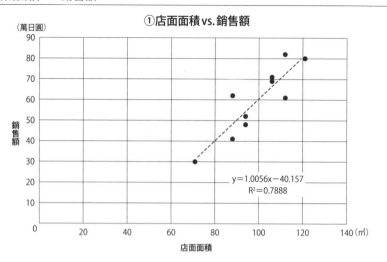

①店面面積vs.銷售額

店長經營管理能力 vs. 銷售額

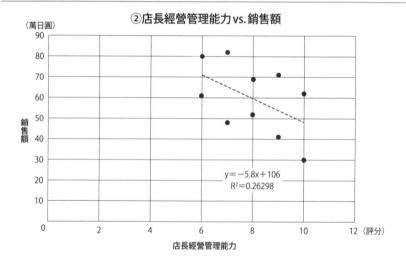

②店長經營管理能力vs.銷售額

店長經營管理能力 vs. 店面面積 vs. 銷售額

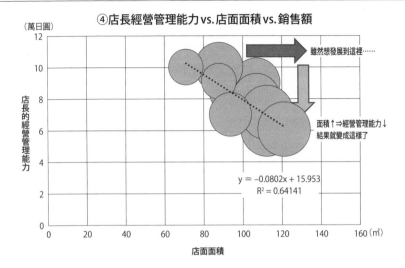

④店長經營管理能力 vs. 店面面積 vs. 銷售額

$y = -0.0802x + 15.953$
$R^2 = 0.64141$

雖然想發展到這裡……

面積↑⇒經營管理能力↓
結果就變成這樣了

　　這裡必須注意的是，最後的複迴歸分析結果，並不是將店面面積、店長的經營管理能力和銷售額的簡單迴歸分析結果單純相加。像是店面面積原本在簡單迴歸（算式①）當中的係數是 1.00，複迴歸分析（算式③）當中卻增加到 1.50。另外，就連店長的經營管理能力也是如此，簡單迴歸（算式②）當中是「-5.8」，複迴歸（算式③）當中卻是將正負符號逆轉，變成 6.26。

　　假如店面面積和店長的經營管理能力完全不相關，照理說複迴歸分析就是簡單迴歸分析相加後的結果。然而，通常自變量之間呈相關，所以不能用單純的加法，或許正是在分析之後才會明白複迴歸分析的有趣之處。

　　之前發生的事情恐怕是這樣的。從複迴歸分析來看，照理說，的確是面積增加 30 平方公尺之後，就會增加 45 萬日圓（30 平方公尺 ×1.5〔算式③的係數〕），但這結果有個前提條件就是店長的經營管

店長經營管理能力、店面面積與銷售額的迴歸分析

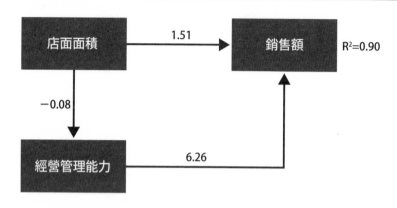

理能力不變。實際上就像從經營管理能力和店面面積的迴歸式估算的一樣，店面面積增加後，店長就很難管理這麼寬敞的店面，拿不出業績，結果就會觀察到經營管理能力在下降（當然，店面愈大，店長表現就愈糟（？）），這並不是有意安排的因果關係）。

從算式④可知，面積增加 30 平方公尺之後，店長的經營管理能力就會下降 2.4 點（30 平方公尺 ×-0.08〔算式的係數〕）。對銷售額的影響為「負 15 萬日圓」（－ 2.4 點 ×6.26〔算式③的係數〕）。因此，當初增加 45 萬日圓銷售額的計畫，加上店長的經營管理能力變困難的副作用，負十五萬日圓的效應之後，淨額就只增加了 30 萬日圓。

現在要依照迴歸分析的結果將這份關聯性繪製成圖。直線上的數值是迴歸分析的偏迴歸係數。從店面面積到銷售額的綜合影響來看，直接影響為 1.51，再將經營管理能力介入的間接影響「-0.08×6.26 ＝ -0.50」加總後，就會變成「1.51 － 0.50 ＝ 1.01」。這個例子跟店面面積和銷售額的簡單迴歸係數 1.01 一致。

這次的自變量只有二個，替自變量之間的相互關聯性做因果性解

釋或發展故事也比較簡單，但隨著自變量的數量增加，不難想像要掌握這種關聯性會變得極為困難。當複迴歸分析算式的偏迴歸係數在個別獨立（前提是其他變數不變）移動時，就會展現作用到應變量上。這跟自行設定條件的科學實驗不同，實際在商務中觀察到的數據，多半與解釋係數相互相關，自變量增加得愈多，要解釋迴歸式係數就會變得愈困難重重。

　　要重新證明因果關係，實驗前就要做好周到的準備，總之，我也建議各位將商務當中的迴歸分析用在預測主體上，不需要過度關注自變量係數的因果解釋。

圖表索引

譯名對照

人名

小山昇（Noboru KOYAMA）
小泉純一郎（Junichiro KOIZUMI）
小島寬之（Hiroyuki KOJIMA）
巴拉克・歐巴馬（Barack Obama）
比爾・蓋茲（Bill Gates）
卡俄茹斯（Kairos）
卡洛斯・戈恩（Carlos Ghosn）
史帝文・D・李維特（Steven D. Levitt）
史帝芬・J・杜伯納（Stephen J. Dubner）
弗羅倫斯・南丁格爾（Florence Nightingale）
田坂廣志（Hiroshi TASAKA）
伊恩・艾瑞斯（Ian Ayres）
安岡正篤（Masahiro YASUOKA）
艾瑞克・萊斯（Eric Ries）
西內啟（Hiromu NISHIUCHI）
似鳥昭雄（Akio NITORI）
克里斯塔・麥考利夫（Christa McAuliffe）
赤林英夫（Hideo AKABAYASHI）
亞伯拉罕・沃爾德（Abraham Wald）
亞里斯多德（Aristotle）
彼得・杜拉克（Peter Drucker）
法蘭西斯・高爾頓（Francis Galton）
法蘭西斯・培根（Francis Bacon）
阿爾夫・蘭登（Alf Landon）
阿爾伯特・愛因斯坦（Albert Einstein）
青木繁伸（Shigenobu AOKI）
保羅・傑奈（Paul Janet）
哈利・羅伯茲（Harry Roberts）
威廉・莎士比亞（William Shakespeare）
約翰・赫歇爾（John Herschel）
俾斯麥（Bismarck）
孫正義（Masayoshi SON）

恩里科・費米（Enrico Fermi）
栗原伸一（Shinichi KURIHARA）
馬克・吐溫（Mark Twain）
馬修・培里（Matthew Perry）
御手洗富士夫（Fujio MITARAI）
深澤真太郎（Shintaro FUKASAWA）
麥可・波特（Michael Porter）
麥可・摩爾（Michael Moore）
麥爾坎・葛拉威爾（Malcolm Gladwell）
勝間和代（Kazuyo KATSUMA）
喬治・金斯利・齊夫（George Kingsley Zipf）
喬治・蓋洛普（George Gallup）
富蘭克林・羅斯福（Franklin Roosevelt）
隆納・雷根（Ronald Reagan）
奧利・艾森菲特（Orley Ashenfelter）
愛德華・塔夫特（Edward Tufte）
愛德華・戴明（W. Edwards Deming）
路易斯・卡羅（Lewis Carroll）
漢斯・羅斯林（Hans Rosling）
福地茂雄（Shigeo FUKUCHI）
維多利亞・梅德維克（Victoria Medvec）
維多利亞女王（Queen Victoria）
澤田秀雄（Hideo SAWADA）
羅伯特・派克（Robert M. Parker, Jr.）
藤本隆宏（Takahiro FUJIMOTO）

316

專有名詞

A/B 測試（A/B testing）

P 值（p-value）

一人多工程（multi-process handling）

72 法則（rule of 72）

二標準差原則（two standard deviation rule）

80/20 法則（The 80/20 Rule）

大數據（big data，巨量資料）

不偏變異數（unbiased variance，無偏方差）

中心位置量數（measure of central location）

中位數（median）

五力（five forces）

反曲點（Inflection point，拐點）

支配性策略（dominant strategy）

文字探勘（text mining）

加權平均（weighted arithmetic mean）

加權平均資本成本（WACC，Weighted Average Cost of Capital）

史塔基法則（Sturges' rule）

市場金字塔（market pyramid）

平均每人國內生產毛額（per capita gross domestic product）

平均絕對誤差率（MAPE，Mean Absolute Percentage Error）

母群體（population）

交叉分析（cross tabulation）

共變（covariance）

共變異數（covariance，協方差）

吉尼係數（Gini coefficient）

多工化（multi-tasking）

多重共線性（multicollinearity）

年平均成長率（CA GR，Compound Annual Growth Rate）

成長／市占率矩陣（growth-share matrix）

有教無類政策（NCLB，No Child Left Behind）

順序數據（ordinal data）

利率掉期交易（interest rate swap）

投資報酬率（ROI，Return On Investment）

折線圖（line chart）

杜邦分析（Dupont analysis）

杜賓－瓦特森統計值（Durbin-Watson statistic）

決定係數（coefficient of determination）

赤池信息量準則（AIC，Akaike information criterion）

帕雷托法則（Pareto principle）

帕雷托圖（Pareto chart）

抽樣偏誤（sampling bias）

東京證券交易所股價指數（TOPIX，Tokyo Stock Price Index）

枚舉歸納法（enumerative induction）

法柯納公式（Falconer method）

直方圖（histogram）

直接教學法（DI，Direct Instruction）

直條圖（vertical bar chart）

空白簡報（ghost deck）

長尾效應（the long tail）

長條圖（bar chart）

非監督式學習（unsupervised learning）

置信區間（confidence interval，信賴區間）

品管圈（QCC，Quality Control Circle）

後設分析（meta-analysis，元分析）

故事板（storyboard）

相轉移（phase transfer）

相關（correlation）

相關係數（correlation coefficient）

相關矩陣（correlation matrix）

赴日旅遊宣傳推進計畫（Visit JAPAN Campaign）

韋伯－費希納定律（Weber-Fechner law）

個體經濟學（microeconomics）

倖存者偏誤（survivorship bias）
容忍值（tolerance）
應變量（criterion variable）
時間序列圖（time series plot）
消費者物價指數（CPI，Consumer Price Index）
消費者間商務（C to C）
真值（true value）
破壞性創新（disruptive innovation）
迴歸分析（regression analysis）
迴歸係數（regression coefficient）
偏迴歸係數（partial regression coefficient）
偏誤（bias）
商品陳列法（merchandising）
商業流程委外（BPO，Business Process Outsourcing）
執行長（CEO）
常態分布（normal distribution）
推論統計學（inferential statistics）
敏感度分析（sensitivity analysis）
淨值報酬率（ROE，Return On Equity）
產品組合管理（PPM，Product Portfolio Management）
異質性（heterogeneity）
眾數（mode）
統計機器翻譯（SMT，Statistical Machine Translation）
規模經濟（economies of scale）
逐步選取法（stepwise selection）
傑奈法則（Janet's law）
單工化（mono-tasking）
算術平均（arithematic mean）
幾何平均（geometric mean）
散佈圖（scatter plot）
最小平方法（least square method，最小二乘法）
期望值（expected value）

比率數據（ratio data）
區間數據（interval data）
虛擬變數（dummy variable）
費米推論（Fermi estimate）
進步比例（PR，progress ratio）
集中趨勢（central tendency）
集中趨勢量數（measure of central tendency）
圓形圖表（pie chart）
極區圖（polar area diagram）
經驗曲線（experience curve）
自變量（explanatory variable）
資料探勘（data mining）
實地實物（go and see for yourself）
實證管理（EBM，Evidence-Based Management）
實證醫學（EBM，Evidence-Based Medicine）
對應產品生命週期（PLC，Product Life Cycle）
監督式學習（supervised learning）
精實生產方式（lean manufacturing）
精實創業（lean startup）
綜合適性測驗（SPI，Synthetic Personality Inventory）
聚類分析（cluster analysis）
蒙提霍爾問題（Monty Hall problem）
齊夫定律（Zipf's law）
標準差（standard deviation）
標準偏迴歸係數（standardised partial regression coefficient）
標準普爾500指數（S&P500，Standard & Poor's 500）
建模（modeling，模型化）
確認偏誤（confirmation bias）
複合年平均成長率（CAGR，Compound Annual Growth Rate）

複迴歸分析（multiple regression analysis，多元迴歸分析）

定性變數（qualitative variable）

質量互變律（law of mutual change of quality and quantity）

銷售時點情報系統（POS，Point Of Sale）

冪定律（power law）

橫條圖（horizontal bar chart）

隨機對照試驗（RCT，Randomized Controlled Trial）

總生育率（TFR，Total Fertility Rate）

臨界量（critical mass）

臨界點（critical point）

購買力平價（PPP，Purchasing Power Parity）

瀑布圖（waterfall chart）

簡單迴歸分析（simple regression analysis，一元迴歸分析）

豐田生產方式（TPS，Toyota Production System）

離散（dispersion）

離散量數（measure of dispersion）

異常值（outlier）

邊際遞減效應（the law of diminishing marginal return）

分類數據（categorical data）

權數（weight）

變異數（variance，方差）

變異數膨脹因素（VIF，Variance Inflation Factor，方差膨脹因素）

邏輯迴歸分析（logistic regression analysis）

組織、團體、企業

@cosme

7&I 控股（Seven & i Holdings）

7-ELEVEn

GLOBIS 商學院（Globis University Graduate School of Management）

Google

三井住友銀行（Sumitomo Mitsui Banking）

三和銀行（The Sanwa Bank）

三星（SAMSUNG）

三菱銀行（Bank of Mitsubishi）

三賢旅行社（H.I.S.）

日本放送協會（NHK）

日本航空（JAL）

日本連鎖加盟協會（JFA，Japan Franchise Association）

日本棒球機構（Nippon Professional Baseball Organization）

日本銀行（Bank of Japan）

日本興業銀行（The Industrial Bank of Japan）

日產汽車（Nissan Motor）

日聯銀行（UFJ Bank）

三菱東京日聯銀行（BTMU，The Bank of Tokyo-Mitsubishi UFJ）

牛津大學（University of Oxford）

甘迺迪太空中心（Kennedy Space Center）

住友銀行（The Sumitomo Bank）

杜邦公司（DuPont）

沃爾瑪（Walmart）

亞馬遜（Amazon）

京瓷（KYOCERA）

佳能（Canon）

宜得利（NITORI）

披頭四樂團（The Beatles）

東京三菱銀行（The Bank of Tokyo-

Mitsubishi），2006年與日聯銀行合併為三菱東京日聯銀行（BTMU，The Bank of Tokyo-Mitsubishi UFJ），2018年4月起更名為三菱日聯銀行（MUFG，Mitsubishi UFJ Financial Group）

東京大學（University of Tokyo）

東京電力（Tokyo Electric Power）

東京銀行（The Bank of Tokyo）

東海銀行（The Tokai Bank）

武藏野（Musashino）

波士頓顧問公司（BCG，Boston Consulting Group）

社會資訊服務公司（SSRI，Social Survey Research Information）

芝加哥大學（University of Chicago）

哈佛大學（Harvard University）

威普羅（Wipro Limited，Western India Products Limited）

柯爾百貨（Kohl's）

皇家統計協會（RSS，Royal Statistical Society）

美國中央情報局（CIA，Central Intelligence Agency）

美國太空總署（NASA，National Aeronautics and Space Administration）

美國疾病管制與預防中心（CDC，Centers for Disease Control and Prevention）

美國國防高等研究計畫署（DAPPA，Defense Advanced Research Projects Agency）

美國國家安全局（NSA，National Security Agency）

美國國家標準暨技術研究院（NIST，National Institute of Standards and Technology）

美國國際教育研究所（IIE，Institute of International Education）

耶魯大學（Yale University）

哥倫比亞大學（Columbia University）

康乃爾大學（Cornell University）

第一勸業銀行（Dai-Ichi Kangyo Bank）

軟體銀行（SoftBank）

麥肯錫（McKinsey & Company）

富士銀行（Fuji Bank）

普林斯頓大學（Princeton University）

華為（HUAWEI）

菲利普莫里斯（Philip Morris）

塔吉特百貨（Target Corporation）

瑞穗銀行（Mizuho Bank）

經濟合作暨發展組織（OECD，Organization for Economic Cooperation and Development）

群馬大學（Gunma University）

雷曼兄弟（Lehman Brothers）

劍橋大學（University of Cambridge）

慶應義塾大學（Keio University）

樂金電器（LG Electronics）

聯合國（UN，United Nations）

聯想（Lenovo）

賽奧科（Thiokol）

豐田汽車（Toyota Motor）

羅森（LAWSON）

蘋果（Apple）

櫻花銀行（Sakura Bank）

國家圖書館出版品預行編目 (CIP) 資料

用數字做決策的思考術：從選擇伴侶到解讀財報，
  會跑 Excel，也要學會用數據分析做更好的決定 /
  GLOBIS 商學院著 ; 鈴木健一執筆 ; 李友君譯 .
  -- 初版 . -- 臺北市 : 經濟新潮社出版 : 家庭傳媒城邦
  分公司出版 , 2018.07
    面 ； 公分 . -- (經營管理 ; 147)
  譯自 : 定量分析の教科書 : ビジネス数字力養成講
  座
  ISBN 978-986-96244-3-5(平裝)

1. 決策管理 2. 統計分析

494.1   107007203